建筑施工专业综合实务

主　编　刘彩峰
副主编　夏晓红　陈大鹏　荣喜德
主　审　李仙兰　汪　洋

北京理工大学出版社
BEIJING INSTITUTE OF TECHNOLOGY PRESS

内 容 提 要

本书是以土木工程类相关专业的在校学生为目标，强化"工学结合"，以能力培训和技能实训为主体，并参照最新颁布的有关行业职业技能鉴定标准及施工现场施工实际进行编写的综合实习实训教材。全书共十九个模块，主要内容包括前期筹划工作、施工前准备工作、建筑物放线、土石方工程、基础放线、钢筋工程、模板工程、混凝土工程、房心回填土、脚手架工程、二次结构、主体结构验收、屋面工程、外墙保温工程、楼（地）面工程、一般抹灰工程、建（构）筑物沉降观测、建筑材料二次检验制度、工程竣工。

本书结构合理、知识全面，可作为高等院校土木工程类相关专业的教材。

图书在版编目（CIP）数据

建筑施工专业综合实务 / 刘彩峰主编.—北京：北京理工大学出版社，2018.8
ISBN 978-7-5682-6055-8

Ⅰ.①建… Ⅱ.①刘… Ⅲ.①建筑施工—高等学校—教材 Ⅳ.①TU7

中国版本图书馆CIP数据核字(2018)第178180号

出版发行 /	北京理工大学出版社有限责任公司	
社 址 /	北京市海淀区中关村南大街5号	
邮 编 /	100081	
电 话 /	（010）68914775（总编室）	
	（010）82562903（教材售后服务热线）	
	（010）68948351（其他图书服务热线）	
网 址 /	http://www.bitpress.com.cn	
经 销 /	全国各地新华书店	
印 刷 /	北京紫瑞利印刷有限公司	
开 本 /	787毫米×1092毫米 1/16	
印 张 /	14.5	
插 页 /	6	责任编辑 / 钟 博
字 数 /	359千字	文案编辑 / 钟 博
版 次 /	2018年8月第1版 2018年8月第1次印刷	责任校对 / 周瑞红
定 价 /	68.00元	责任印制 / 边心超

本书编委会

前　言

　　如何让土木工程类相关专业的在校学生真正做到"理实一体、工学结合"，毕业后能快速进入工作角色，缩短校外专业成长期，一直是土木工程类相关专业教学所面临的重大课题。

　　本书的特点是将每道施工工序应用于每个实习实训工作任务之中，由教师指导，学生亲自动手操作。重点解决每道工序应该做什么、怎样做、怎样才能做得更好、做到了什么程度等问题，既提高了学生的专业技能，又提升了学生的职业素养，使学生积累了实际工作经验，为在校生毕业后工作打下扎实的基础。

　　本书由刘彩峰担任主编，夏晓红、陈大鹏、荣喜德担任副主编。具体编写分工为：模块一、模块二和配套图集由刘彩峰编写；模块三由夏晓红编写；模块四由陈大鹏编写；模块五由吴浩然编写；模块六由吴淑杰编写；模块七由田珍珠编写；模块八和模块九由宋丽新编写；模块十由李杨编写；模块十一由刘志强编写；模块十二和模块十三由韩福祥编写；模块十四由李臣编写；模块十五由凌云编写；模块十六由林雪松编写；模块十七由李广宏编写；模块十八由徐艳芳编写；模块十九由张淑红编写；附录和参考答案由荣喜德编写。陈建红参与校对及资料整理工作。全书由李仙兰、汪洋主审。

　　限于编者的水平，书中缺点和错误在所难免，恳请读者批评指正。

编　者

目 录

模块一　前期筹划工作

任务一　制定方案

方案的制定要体现出科学性、合理性、可操作性的原则，可根据学校、教师、班级、学生的实际情况制定。其具体内容如下。

1. 实习实训班级

列举应参加实习实训的班级名称。工程造价、内业资料、建筑设备安装等专业的学生可安排固定时间见习，参与实习实训。

2. 班级分组

根据参加实习实训的学生人数进行分组，并尽量安排本班学生，不要出现学生插班现象。

3. 实施程序

(1)班主任、指导教师动员大会：统一思想、明确职责、进行分工，学习《安全应急救援预案》。签订实习实训保证质量和安全责任状。

(2)学生动员大会：明确实习实训的目的、意义和相关要求。签订实习实训保证质量和安全责任状。

(3)编制实习实训费用预算并向学校提出申请，经批准后发放收费通知单，召开家长会。履行学校、家长、班主任、学生签字手续。

(4)考虑到安全因素，部分项目聘请校外有施工经验且有相应岗位证书的专业人员完成：木工1名，电焊工1名，混凝土振捣工2名，防水工1名，地面块料切割(包括砌块切割)工1名，钢筋植筋工1名，搅拌工1名，并签订用工及安全协议。

（5）由学校考试考核办公室人员成立考核小组，随时对施工过程进行监督检查，对施工中的所有分部（分项）工程进行考核。该考核成绩即作为每个实习实训小组学生的实训成绩，每个实习实训小组指导教师的教学成绩。

（6）检查、验收与考核程序：分部（分项）工程结束→实习实训小组自检→各实习实训小组互检→建设单位验收→考试考核办公室考核→公示。

（7）对场地进行维护、清理、平整、规划，并确定每个实习实训小组的施工区域。

（8）场地测量，绘制总平面图。

（9）室内识图、工程量计算、施工组织设计、安全培训。

4. 施工质量实施的标准

（1）人人操作。

（2）个个过关。

（3）小组达标。

5. 材料购置

（1）人员组成：家长代表、学校采购办公室人员、教师代表、学生代表。

（2）程序：材料计划数量→进行询价→认定商家→采购→进场验收→签字。

6. 奖项设计

（1）单项奖。

（2）综合奖。

（3）优秀指导教师奖。

（4）优秀班级奖。

（5）优秀实习实训小组奖。

（6）优秀学生奖。

7. 时间、任务分配

时间、任务分配需根据校历时间及施工工序确定。范例见表1-1。

表1-1 时间、任务分配范例

时间	任务	指导教师	辅助教师	备注
×月×日	识图	××	××	计划2天
×月×日	工程量计算	××	××	计划2天
×月×日	××	××	××	××

8. 不能正常施工时的安排

在施工过程中，当出现下雨等不可避免的天气情况，不能正常施工时，实习实训班级应提前做好规划，在室内进行必要的知识补充。规划范例见表1-2。

表1-2 不能正常施工时的安排规划

时间		任务	指导教师	辅助教师	备注
×月×日	上午	1. 观看工程测量视频 2. 书写本工程测量方案	××	××	视频内容由××教师完成，并经审核确定
	下午	3. 检查、反馈、评比	××	××	结果汇总后，记为实习实训学生的参考成绩

结合实际，合理安排，保证实习实训质量。

任务二 施工现场安全应急预案

实习实训期间，要将安全工作始终放在第一位，紧抓不放松，只有安全有了保障，实习实训工作才能顺利进行。安全工作的具体安排如下。

1. 成立应急救援组织

应急救援组织为项目部非常设机构，设立应急救援总指挥1名，应急救援副总指挥1名。下设现场抢救组、技术处理组、善后工作组、后勤供应组、事故调查组五个非常设临时机动小组。

应急救援总指挥：×× 应急救援副总指挥：××

现场抢救组：组长：×× 组员：各实习班级班主任、实习指导教师

技术处理组：组长：×× 组员：各实习班级班主任、实习指导教师

善后工作组：组长：×× 组员：各实习班级班主任、实习指导教师

后勤供应组：组长：×× 组员：各实习班级班主任、实习指导教师

事故调查组：组长：×× 组员：各实习班级班主任、实习指导教师

2. 实习实训风险分析

在实习实训中，常见风险有高处坠落、坍塌、触电、机械伤害、物体打击、火灾、钉子扎脚等。

3. 应急救援措施

(1)火灾事故的应急救援措施。为了防止各种火灾事故的发生，在施工现场各建筑物出入口设置明显的安全出入口标志牌，按总人员组建义务消防小组，共有义务消防人员10人。组长由项目负责人承担，组员包括施工员、安全员、技术员、质检员、执勤人员等，项目负责人为现场总负责人，施工员负责现场扑救工作。

1)办公室发生火灾的处理程序如下：

①发生火情，第一发现人应高声呼喊，使附近人员能够听到以协助扑救，同时逐级通知项目部值班人员、项目部负责人。项目值班人员负责拨打火警电话"119"。电话描述内容包括：单位名称、所在区域、周围显著标志性建筑物、主要路线、候车人姓名、主要特征、等候地址、火源、着火部位、火势情况及程度。随后到路口引导消防车辆。

②发生火情后，由××老师负责切断办公室电源，××老师组织各义务消防员用灭火器材等进行灭火。项目负责人和技术负责人应在现场指挥，并监视火情。当火势不能得到有效控制，并威胁到灭火人员的安全时，应立即下令撤离火场，并在火场周边安全地带用水设置隔离带，等待消防人员的到来。

③在进行消防灭火的同时，应紧急疏散其他人员。由××老师负责带领执勤人员疏散人员，并逐个屋子检查人员撤离情况。当疏散通道被烟尘充满时，为防止有人被困，发生窒息伤害，执勤人员应指挥大家用毛巾湿润后蒙在口、鼻上。当抢救被困人员时，应为其准备浸水的毛巾防止有毒有害气体吸入肺中造成窒息伤害。对疏散出来的人员进行清点，确保全部人员均已撤离现场。

④火灾发生的同时，由相关负责人带领现场保卫人员将火场封锁，避免无关人员接近，并清理消防通道上的物品，确保消防通道畅通。

⑤当消防人员到达后，现场应急组织应自动解散，完全服从消防人员指挥。

2)施工现场火灾的处理程序如下：

①发生火情后，首先应切断着火部位的临时用电，然后由各义务消防员用灭火器材等进行灭火。如果是电路失火，必须先确保电源已切断，严禁用水和液体灭火器灭火，以防触电事故发生。项目负责人和技术负责人应在现场指挥，并监视火情。当火势蔓延并威胁到灭火人员的安全时，应立即下令撤离火场，并在火场周边安全地带用水设置隔离带，等待消防人员的到来。

②火灾发生的同时由相关负责人带领现场保卫人员将火场封锁，进行警戒，避免无关人员接近，并清理消防通道上的物品，确保消防通道畅通。

③当消防人员到达后，现场应急组织应自动解散，完全服从消防人员指挥。

(2)高空坠落事故的应急救援措施。为防止高空坠落事故的发生，项目部应及时搭设建筑物周边的防护脚手架，并每隔四层设置一层安全网。随着建筑的升高，随层网应及时随之升高。各实习班级班主任负责组织每周清理一次平网内的杂物和修补损坏的平网。脚手架上应满挂密目网。施工人员在临边施工时，严格要求其正确佩戴安全带。

一旦发生高空坠落事故，现场第一发现人应及时通知现场管理人员。现场管理人员应马上组织人员抢救，同时给"120"急救中心打电话，并通知项目负责人，上报学校。由××老师组织抢救伤员，由××老师保护好现场，防止事态扩大。其他小组人员协助××老师做好现场救护工作，××老师协助送伤员外部救护工作。如伤者行动未因事故受到限制，且伤势较轻微，身体无明显不适，能站立并行走，在场人员应将伤员转移至安全区域，再设法消除或控制现场险情，防止事故蔓延扩大，然后找车护送伤员到医院做进一步的检查。如伤者行动受到限制，身体被挤、压、卡、夹无法脱开，在场人员应立即将伤者从事故现场转移至安全地带，防止伤者受到二次伤害，然后根据伤者的伤势，采取相应的急救措施，如伤者伤口出血不止，在场人员应立即用现场配备的急救药品为伤者止血(一般采用指压止血法、加压包扎法、止血带止血等)，并及时用车将伤者送医院治疗。若伤者伤势较重，出现全身有多处骨折、心跳呼吸停止或可能有内脏受伤等症状时，在场人员应立即根据伤者的症状，施行人工呼吸、心肺复苏等急救措施，并在实行急救的同时派人联系车辆或拨打医院急救电话"120"，以最快的速度将伤者送往就近医院治疗。将伤亡事故控制到最低程度，损失降到最低。

(3)坍塌事故的应急救援。为确保脚手架、模板支撑的稳固，项目部技术负责人编制专项方案，方案中通过计算，确定立杆、横杆的间距，连墙件的数量等。脚手架、模板由项目负责人、安全员、施工员等联合验收后方可使用。

脚手架在搭拆过程中，操作人员不依顺序操作，或在使用过程中载荷超过设计标准等原因都可能造成脚手架的坍塌事故。发生坍塌事故后，发现事故第一人及时通知现场管理人员，现场管理人员及时通知应急救援组其他人员。项目负责人负责现场应急救援指挥；由××老师向上级有关部门或医院打电话求援；××老师对坍塌部位抢救过程中存在的风险进行识别和评价，并制定相应的措施保护抢救人员和被脚手架挤压的人员的安全；由××老师负责组织应急救援队的救援人员依照救援措施进行救援，同时监控救援过程中可能发生的异常现象，组织所有架子工进行倒塌架子的拆除和加固工作，防止其他架子再次倒塌，组织有关职工协助清理现场材料，如有人员被砸，应首先清理被砸人员身上的材料，集中人力先抢救受伤人员，最大限度地减少事故损失。保卫人员应立即组织人员对事故现场进行封锁，防止无关人员接近。

（4）触电应急救援、机械伤害应急救援。现场用电部位为木工场地和钢筋场地。木工场地配有木工电锯一台，钢筋场地配有钢筋切断机和钢筋弯曲机，砂石料场配有搅拌机。为避免学生操作发生触电事故和机械伤害事故。委派××老师专门负责木工作业，委派××老师专门负责钢筋作业。没有特殊情况不允许学生操作机械。如需学生操作，必须请示施工总负责人，批准后方能操作，××老师和××老师必须现场指导。

机械在操作过程中，若发生触电事故和机械伤害事故，发现事故第一人应及时通知现场管理人员，现场管理人员须及时通知应急救援组其他人员。项目负责人负责现场应急救援指挥；由××老师向上级有关部门或医院打电话求援；由××老师对抢救过程中存在的风险进行识别和评价，并制定相应的措施保护抢救人员和被脚手架挤压的人员的安全；由××老师负责组织应急救援队的救援人员依照救援措施进行救援，同时监控救援过程中的可能发生的异常现象，集中人力先抢救受伤人员，最大限度地减少事故损失。保卫人员应立即组织人员对事故现场进行封锁，防止无关人员接近。

4. 应急救援电话

（1）应在实习实训现场醒目位置张贴应急救援电话号码。

（2）正确使用匪警 110、火警 119、医疗急救 120、校医室电话×××。

要点说明

安全是实习实训的底线。

任务三　图纸的设计

图纸应由有资质的建筑设计单位进行设计，并出具蓝图，设计原则是尽可能多地体现施工工艺，还应体现便于施工和节约施工成本的原则。

要点说明

图纸是工程的语言。

任务四　确定施工基本要素

确定水准点和坐标点及临时用电、用水、作业区、库房等设计、施工。

要点说明

水、电、道路是保证正常施工的基本要素。

任务五 实习实训班级分组

每组人数控制在8~10人，组建工程项目班子。确定施工员、技术员、质检员、安全员等岗位，并以周为单位进行轮换，明确职责。

任务六 主要岗位职责及职业道德

1. 施工员

(1)施工员岗位职责。

1)贯彻执行国家和建设行政管理部门颁发的建设法律、规范、规程、技术标准。熟悉基本建设程序、施工程序和施工规律，并在实际工作中具体运用。

2)熟悉建设工程特征与关键部位，掌握施工现场的周围环境、社会和经济技术条件。负责本工程的定位、放线、沉降观测记录等。

3)熟悉、审查图纸及有关资料，参与图纸会审。参与施工预算编制。编制月度施工作业计划及资源计划。

4)严格执行工艺标准、验收和质量验评标准，以及各种专业技术操作规程，制订安全等方面的措施，严格按照图纸、技术标准、施工组织设计进行施工，经常进行督促检查。参加质量检验评定。参加质量事故调查。

5)做好施工任务的下达和技术交底工作，并进行施工中的指导、检查与验收。

6)做好现场材料的验收签证和管理。做好隐蔽工程验收和工程量签证。

7)参加施工中的竣工验收工作。协助造价员做好工程决算。

8)及时准确地收集并整理施工生产过程、技术活动、材料使用、劳力调配、资金周转、经济活动分析的原始记录、台账和统计报表，记好施工日志。

9)绘制竣工图，组织单位工程竣工质量检测，负责整理好全部技术档案。

10)参与竣工后的回访活动，对需返修、检修的项目，尽快组织人员落实。

11)完成项目经理交办的其他任务。

(2)施工员职业道德。

1)热爱施工员本职工作，爱岗敬业，认真工作，团结合作。

2)遵纪守法，模范地遵守建设职业道德规范。

3)执行有关工程建设的法律、法规、标准、规程和制度。

4)努力学习专业技术知识，不断提高业务能力水平。

5)认真负责地履行自己的义务和职责，保证工程质量。

6)维护公司的荣誉和利益。

2. 技术负责人

(1)技术负责人岗位职责。

1)主持本项目的技术、质量管理工作，对工程技术、工程质量全面负责。

2)在施工中严格执行现行国家建筑法律、法规、规范和标准，严格按图纸施工。

3）编制施工组织设计、总平面布置图，制订切实有效的质量、安全技术措施和专项方案。

4）根据公司下达的年度、月度总的进度目标，负责编制项目详细的月、周进度计划。

5）组织工程的图纸自审、会审，及时解决施工中出现的各种技术问题。

6）负责各项技术交底工作，组织施工人员贯彻学习技术规程、规范、质量标准，并随时检查执行情况。

7）负责本项目的施工技术文件及技术资料签证。

8）督促检查作业班组、施工人员的施工质量，确保工程按设计图纸及规范、标准施工，并负责组织质量检查评定工作。

9）主持本项目的质量会议，对质量问题提出整改措施，并监督及时处理。

10）检查安全技术交底，参与安全教育和安全技术培训，参与对安全事故的调查分析，提出技术鉴定意见和改进措施。

11）负责检查、督促工程档案、资料的收集、整理，组织草拟工程施工总结。

12）做好与设计单位和有关工程施工人员的工作联系，避免施工过程中因技术失误造成的损失。

13）完成项目经理交办的其他任务。

（2）技术负责人职业道德。

1）热爱科技，敬业爱岗，勤奋钻研，追求新知识，掌握新技术、新工艺。不断更新业务知识，拓宽视野，辛勤劳动，为企业的振兴与发展贡献自己的才智。

2）深入实际，勇于攻关，深入基层，深入现场，将理论与实际相结合，科研和生产相结合，把施工生产中的难点作为工作重点，不断解决施工生产中的技术难题，提高生产效率和经济效益。

3）牢固确立精心工作、求实认真的工作作风。施工中严格执行建筑技术规范，认真编制施工组织设计，做到技术上精益求精，工程质量上一丝不苟，为用户提供合格的建筑产品，积极推广和运用新技术、新工艺、新材料、新设备。大力发展建筑高科技，不断提高建筑科学技术水平。

4）培育新人，尊重他人，善于合作共事，搞好团结协作，既能当好科学技术的带头人，又能甘当铺路石，培养科技事业的接班人，大力做好施工科技知识在施工人员中的普及工作。

5）培养严谨求实、坚持真理的优良品德，在参与可行性研究时，坚持真理，实事求是，协助领导进行科学决策。在参与投标时，从企业实际出发，以合理造价和合理工期进行投标。在施工中，严格执行施工程序、技术规范、操作规程和质量安全标准，决不弄虚作假，欺上瞒下。

3. 质量检查员

（1）质量检查员岗位职责。

1）认真学习和贯彻执行国家及住房城乡建设主管部门发布的有关工程质量控制和保证的各种规范、规程条例。

2）参与施工组织设计（或施工方案）的制定，了解与掌握施工顺序、施工方法和保证工程质量的技术措施。同时，做好开工前的各种质量保证工作。

3）参与图纸自审、会审。督促并检查是否严格按图纸施工，对任意改变图纸设计的行为立即制止。

4）对原材料是否按质量要求进行订货、采购、运输、保管等进行监督和检查，对质量低劣或不符合标准的及时指出。

5)严格执行技术规程和操作规程，坚持对每一道施工工序都按照规范、规程施工和验收，发现质量有问题的及时提出，不留隐患。

6)分析质量问题产生的各种因素，找出影响质量的重要原因，提出针对性预防（或控制）措施。

7)坚持"预防为主"的方针，经常组织定期的质量检验活动，将"事前预防""事中检查"和"事后把关"结合起来，参与工程竣工的质量检验，并主动提出各种建议。

8)认真积累和整理各种质量控制、质量保证、质量事故等的资料与报表。

9)协助施工队长帮助班组兼职质检员加强质量管理，提高操作质量。

10)协助公司其他部门做好工程交工后的回访和保修工作。

11)完成项目经理交办的其他任务。

(2)质量检查员职业道德。

1)遵纪守法，秉公办事，认真贯彻执行国家有关工程质量监督管理的方针、政策和法规，树立良好的信誉和职业形象。

2)爱岗敬业，严格监督，不断提高政治思想水平和业务素质，严格按照有关技术标准规范实行监督，严格按照标准核定工程质量等级。

3)严格履行工作程序，提高办事效率，监督工作及时到位，做到急事快办，热情服务。

4)公开办事程序，接受社会监督、群众监督和上级主管部门监督，提高质量监督、检测工作的透明度，保证监督、检测结果的公正性、准确性。

5)自觉抵制不正之风，不以权谋私，不徇私舞弊。

4. 安全员

(1)安全员岗位职责。

1)认真贯彻执行劳动保护、安全生产的方针、政策、法令、法规、规范标准，做好安全生产的宣传教育和管理工作。

2)掌握安全生产情况，调查研究生产中的不安全问题，提出改进意见和措施，并对执行情况进行监督检查。

3)参加上级主管部门组织的安全活动和安全检查，总结、交流、推广先进经验。

4)参加审查施工组织设计（或施工方案）和安全技术措施计划，对机具、防护用具及作业环境进行监督检查。

5)与有关部门共同做好新工人、特殊工种工人的安全技术培训、考核和发证工作，把好进场关，对进场人员必须按岗位要求进行入场安全教育。

6)制止违章指挥、违章作业，有权根据有关管理条例对违章者进行经济处罚，遇险情有权暂停生产，并报领导处理。

7)及时建立健全安全内业资料，组织实施定期教育和应急教育。

8)完成项目经理交办的其他任务。

(2)安全员职业道德。

1)依法监督，坚持原则，树立全心全意为人民服务的宗旨，广泛宣传和坚决贯彻"安全第一，预防为主，综合治理"的方针，认真执行有关安全生产的法律、法规、标准和规范。

2)爱岗敬业，忠于职守，树立敬业精神，以做好本职工作为荣，以减少伤亡事故为本，开拓思路，克服困难，大胆管理。

3)坚持实事求是的思想路线，用理论联系实际，深入基层，深入施工现场调查研究，提出安全生产工作的改进措施和意见，保障广大施工人员的安全和健康。

4)努力钻研，提高水平，认真学习安全专业技术知识，努力钻研业务，不断积累和丰富工作经验，努力提高业务素质和工作水平，推动安全生产技术工作的不断发展和完善。

5)廉洁奉公，接受监督，遵纪守法，秉公办事，不利用职权谋私利，自觉抵制消极腐败思想的侵蚀，接受群众和上级主管部门的监督。

📰 要点说明

认知不同岗位的工作内容，职业道德是关键。

任务七　编制各种所需表格

1. 教师考勤表(范例)

教师考勤表范例见表1-3。

表 1-3　教师考勤表

时间			×年　×月　×日				星期	×
现场指导教师								
指导教师签课								
时间	课时	××班级	××班级	××班级	××班级	××班级	××班级	××班级
上午	第一节							
	第二节							
	第三节							
	第四节							
下午	第五节							
	第六节							
	第七节							
	第八节							

2. 学生考勤表(范例)

学生考勤表范例见表1-4。

表 1-4　学生考勤表

时间	×年×月×日	星期	×
班级	××	实习实训小组	××
课节	缺席学生名单	缺席原因	班主任确认(签字)

3. 任务书(范例)

任务书范例见表1-5。

表1-5　任务书

时间	×年×月×日	上午✓	星期	×
		下午		
任务名称	建筑物定位放线			
1. 技术交底:				
2. 安全技术交底:				
3. 其他事项:**重点检查是否正确佩戴安全帽。**				

4. 晨会记录表(范例)

晨会记录表范例见表1-6。

表1-6　晨会记录表

时间	×年×月×日 星期×	地点	**实习实训场地门外**
主讲人	××	参加人	**实习实训教师及学生**

内容:
1. **布置施工任务:建筑物定位放线。**
2. **技术要求:发放并解读测量技术要点。**
3. **安全提示:发放并解读测量安全技术交底。**
4. **各实习实训小组进行讨论,提出意见及建议。**
5. **完成时间:上午完成任务并自检,下午建设单位验收,提出整改意见,实习实训小组进行整改,监理单位考核并公示。**
6. **其他事项:总结昨天各实习实训小组施工情况。**

5. 作业通知书(范例)

作业通知书范例见表1-7。

表1-7　作业通知书

时间	×年×月×日	星期	×
第一个晚自习内容:			
1. 完成当天的施工日志。			
2. 当天施工项目的自检报告。			
3. 每日施工总结。			
第二个晚自习内容:			
1. 预习第二天实习实训内容。			
2. 各实习实训小组进行交流。			
3. 实习实训指导教师进行指导。			

6. 工程质量整改通知单(范例)

工程质量整改通知单范例见表1-8。

表1-8　工程质量整改通知单

工程名称:实训办公楼1#

实习实训班级	××班级	分部/分项/检验批名称	模板工程
实习实训小组	××小组	检查部位	基础
检查中存在的问题及意见: 1. 模板高度尺寸大于标准尺寸 40 mm,须拆除重做。 2. 没有正确粘贴海绵密封条,按要求正确粘贴。 <div align="right">教师、学生代表签字:××、×× ×年×月×日</div>			
限期整改时间:本日十点前完成。 检查人:××　　　　　　　　×年×月×日 负责人:××　　　　　　　　×年×月×日			
复查结果:经检查验收,整改部分按要求整改合格。可以继续施工。 复查人:××　　　　　　　　×年×月×日			

7. 建筑工程安全隐患整改通知书(范例)

建筑工程安全隐患整改通知书范例见表1-9。

表1-9　建筑工程安全隐患整改通知书

工程名称:实训办公楼1#

检查日期	×年×月×日
实习实训班级	××班级
实习实训小组	××小组

经检查发现,施工现场存在下列安全隐患: 1. 两名学生没有正确佩戴安全帽。 2. 基础回填土电动夯实机手把没按规定缠裹绝缘胶布。 以上存在的问题,限于×年×月×日×点×分前按照有关安全技术规范要求整改完毕,并将情况报安全员,安全员将对整改情况进行复查。		
检查人签字:××	实习实训教师代表签字:××	实习实训学生代表签字:××

8. 分项工程评比表(范例)

分项工程评比表范例见表1-10。

表1-10　分项工程评比表

×年×月×日

分项工程名称	基础工程	评比小组	实训办公楼1#
评比内容	1. 外观质量无严重缺陷		
	2. 尺寸偏差在允许范围内		
	3. J-2 局部有麻面		
评比结果评分	90		
评比名次	3		
评审员签字:××、××		实习实训小组教师、学生代表签字:××、××	

9. 综合评比表(范例)

综合评比表范例见表1-11。

表1-11 综合评比表

×年×月×日

评比班级	××班级		评比小组		××小组		
分项工程评比平均分	内容	1	建筑物定位放线	平均分		1	90
		2	基础测量放线			2	92
		3	土石方工程			3	94
		4	……			4	……
总平均分	92						
评比名次	2						
评审员签字:××、××			实习实训小组教师、学生代表签字:××、××				

 要点说明

考核是检验实习实训成果最有效的办法。

任务八 开工仪式大会

开工时间根据本地区施工条件及学校实际具体情况而定。

(1)要求校领导、各职能处(室)负责人、实训指导教师、家长代表、实习实训学生等参加,讲解仿真实习实训的目的、意义、要求等,以班级为单位授施工项目部旗。

(2)向实习实训指导教师、外聘专业人员等发放聘书。

要点说明

仪式要庄重而热烈,增强教师及学生的使命感。

▶ 技能巩固

在施工过程中,如出现质量问题,处理的程序是什么?

▶ 技能拓展

施工小组合作的内涵是什么?

参考答案

模块二　施工前准备工作

技能要点

1. 图纸会审、图纸变更单、现场签证单的要求。
2. 五牌一图的内容。
3. 工程量计算、施工组织设计的编制。
4. 安全教育的内涵。

技能目标

1. 明确技术准备工作的内容。
2. 学习安全知识，保证施工安全。

任务一　技术准备工作

1. 图纸会审

施工等单位对图纸中描述不清楚或者有不妥的地方，由设计者答复解释或修改，使图纸完善，符合规范规定，满足施工要求。图纸会审记录范例见表 2-1。

表 2-1　图纸会审记录(范例)

工程名称		实训办公楼		日期	×月×日
地点	教室	记录整理人	××	参加人员	指导教师及学生
序号	图号	图纸问题			图纸问题交底
1	建施-02	屋面工程 1：8 水泥珍珠岩找坡 3%，与屋面排水平面图找坡 2%不符			按 3%执行
2	建施-03	屋面排水平面图雨水管未标位置和根数			由⑧轴/①～②轴分别向内侧 200 mm，计 2 根
3	结施-04	雨篷配筋图上排钢筋 ⊈10@100 与 2.65 m 层板配筋图 ⊈12@150 不符			按 ⊈12@150 执行
4	建施-03	屋面排水平面图屋面板结构标高 5.700 与立面图、剖面图 5.400 不符			标注 5.400 为正确数值
5	建施-01	项目概况说明中，建筑面积 30 m² 和建筑高度 6 m 不正确			改为 30.64 m² 和 5.700 m
6	结施-03	基础平面布置图Ⓐ轴与①轴相交处 J-1 基底标高－1.100 与其他基底标高不符			按其他基底标高执行

工程名称		实训办公楼	日期		×月×日
7	结施-03	基础平面布置图 J-2 宽度 500＋500 与 J-1 不符			按 J-1 执行
8	结施-03	-0.05 m 层地梁没有宽度和高度尺寸			250 mm×300 mm
9	结施-04	2.65 m 层高板配筋图②轴～①/2轴左侧钢筋无标注			按 ⏀8@200 执行
10	结施-04	2.65 m 层梁配筋图 KL6(1)箍筋非加密区 200 和 3⏀8 标注不正确。KL1(1)3⏀14 不正确			取消
11	结施-04	地梁下没有具体做法			地梁下铺 300 mm 宽×50 mm 厚炉渣，上抹 1∶3 水泥砂浆20 mm 厚
12	建施-04	楼梯底板厚度、平台未标注尺寸			按 120 mm、100 mm 执行
13	结施	一层柱比二层柱钢筋直径小			一、二层柱钢筋互换
签字栏	建设单位	监理单位	设计单位		施工单位
	××	××	××		××
	×年×月×日	×年×月×日	×年×月×日		×年×月×日

2. 图纸变更单

根据施工的实际问题，需要调整先前的设计图纸，保证使用功能和降低工程造价。设计变更通知单范例见表 2-2。

表 2-2 设计变更通知单(范例)

工程名称	实训办公楼	设计单位	××设计公司
变更部位	主体结构及装修	施工单位	所有实习实训小组

变更原因及内容：

一、考虑工期和施工成本，经协商施工分以下四部分进行：

1. 必须施工的分部(分项)工程及项目：

建筑物定位放线；基础测量放线；土石方工程；基础垫层、基础、地梁；一层和二层的混凝土柱、梁、板；室外楼梯；屋面工程；脚手架工程；建筑物沉降观测。

2. 局部施工的分部(分项)工程及项目：

(1)植筋、砌块砌体、构造柱、内抹灰、外墙保温均为一层的①轴/Ⓐ～Ⓑ轴部分。

(2)楼地面工程为一层地面和楼梯间地面(只做第一跑和休息平台)。

3. 参观见习(由外聘专业人员完成)的分部(分项)工程及项目：

混凝土搅拌；混凝土振捣；电渣压力焊接及混凝土柱钢筋的定位钢筋焊接；屋面卷材防水；植筋；地面块料及砌块切割；木模板及木方的电锯裁切。

4. 只需要理解，不需要施工的分部(分项)工程及项目：

以上未注明的，如门窗工程、楼梯栏杆、顶棚抹灰、室内外涂料、二层楼面、室外台阶及散水、雨水管、铁爬梯等。

5. 基础垫层、基础、地梁、一层柱、构造柱、混凝土翻边、砌体补缝、现浇板空洞封堵为自拌混凝土，其余混凝土分部(分项)工程均为商品混凝土。

二、女儿墙由混凝土改为砌块砌体，宽度 200 mm 与外墙平齐，高度不变。

注：未尽事宜在施工中共同协商解决。

施工单位：××	设计单位：××	监理单位：××	建设单位：××
×年×月×日	×年×月×日	×年×月×日	×年×月×日

3. 工程现场签证单

(1)工程现场签证单的条件。

1)当设计要求与实际要进行的不同时，即产生设计变更。

2)建设单位现场没有达到合同规定的条件，给施工单位造成费用增加。

3)建设单位要求施工单位完成合同规定以外的施工内容。

4)施工过程中由于不可预见的因素造成工程费用增加。

(2)工程现场签证单范例见表 2-3。

表 2-3　工程现场签证单(范例)

工程名称	实训办公楼 2♯、3♯	分部(项)工程	脚手架工程
实习实训班级	××班级	实习实训小组	××小组
费用项目	安全防护棚	时间	×年×月×日
施工及安装内容	由于 2♯ 和 3♯ 建筑物相邻主道路，为保障实习实训人员和车辆安全，需要做临街安全防护棚。 1. 搭设长度、宽度、高度分别为 7.8 m、2.5 m、3 m。 2. 使用的材料有钢管、扣件、木板等。 3. 图示如下： 		
结算	安全防护棚面积＝7.8×2.5×2＝39(m²)		
备注	造价由造价员在决算中体现		
建设单位：×× 现场负责人：×× 　　　　　　×年×月×日	监理单位：×× 监理工程师：×× 　　　　　　×年×月×日		施工单位：×× 现场负责人：×× 　　　　　　×年×月×日

4. 施工现场质量管理检查记录(范例)

施工现场质量管理检查记录范例见表 2-4。

表 2-4　施工现场质量管理检查记录(范例)

开工日期：×年×月×日

工程名称	实训办公楼 1♯		施工许可证(开工证)		××
建设单位	××学校××专业组		建设单位项目负责人		××
设计单位	××设计公司		设计单位项目负责人		××
监理单位	学校考试考核办公室		总监理工程师		××
施工单位	××班级××小组	项目经理	××	项目技术负责人	××

序号	项目	内容
1	现场质量管理制度	1. 质量例会制度；2. 月评比及奖罚制度；3. 三检及交接检制度；4. 质量与经济挂钩制度
2	质量责任制	1. 岗位责任制；2. 设计交底制度；3. 技术交底制度；4. 安全技术交底制度等
3	主要专业工种操作上岗证书	钢筋工、起重工、电焊工、架子工、电工等主要专业工种操作上岗证书齐全
4	分包方资质与分包单位的管理制度	—
5	施工图审查情况	有审查报告及审查批准书
6	地质勘察资料	有工程地质勘察报告
7	施工组织设计、施工方案及审批	施工组织设计、编制、审核、批准齐全
8	施工技术标准	有模板、钢筋、混凝土浇筑、瓦工、焊接等工艺标准 27 种，主要采用国家、行业标准
9	工程质量检验制度	原材料及施工检验制度、抽测项目的检验制度、施工试验制度，分项工程质量三检制度
10	搅拌站及计量设置	有管理制度和计量设施精确度及控制措施
11	现场材料、设备存放与管理	有钢材、木材、砂、石、水泥、地面砖、脚手架等的管理办法，其堆放按施工现场平面图布置

检查结论：

通过上述项目的检查，项目部施工现场质量管理制度明确到位，质量责任制措施得力，现场工程质量管理制度制定齐全

总监理工程师：××

建设单位项目负责人：××

××年×月×日

5. 主出入口悬挂五牌一图(范例)

(1)工程概况牌范例见表 2-5。

表 2-5　工程概况牌(范例)

工程名称	实训办公楼 1#～N#		
建设单位	××学校××专业组	法人代表 (教学组长)	××
施工单位	××班级××小组	法人代表 (实习实训小组组长)	××
建设规模	30.64×7=214.48(m²)	设计负责人	××
监理单位	考试考核办公室	总监理工程师 (考试考核办公室负责人)	××
项目经理	××	质检员	××
施工员	××	技术负责人	××
材料员	××	安全员	××

开工时间	×年×月×日		计划竣工日期	×年×月×日
治安领导小组	组长：××		副组长：××	
	组员：××、××、××			
消防领导小组	组长：××		副组长：××	
	组员：××、××、××			

（2）管理人员名单及监督电话范例见表 2-6。

表 2-6　管理人员名单及监督电话（范例）

岗位	姓名	电话	岗位	姓名	电话
项目经理	××	××××	技术负责人	××	××××
施工员	××	××××	预算员	××	××××
安全员	××	××××	质检员	××	××××
资料员	××	××××	材料员	××	××××
钢筋工班长	××	××××	木工班长	××	××××
混凝土工班长	××	××××	架子工班长	××	××××
机械工班长	××	××××	砌筑、抹灰工班长	××	××××
学校考试考核办公室监督电话：××××					

（3）安全生产牌。

1）进入施工现场，必须遵守安全生产规章制度。

2）进入施工区内，必须戴安全帽，机械操作必须戴压发防护帽。

3）服从实习实训指导教师的统一安排、管理。

4）不准在施工现场追逐打闹。

5）施工现场内不准赤脚，不准穿拖鞋、高跟鞋、裙子、喇叭裤，非有关操作人员不准进入危险禁区内。

6）高空作业严禁穿皮鞋和带跟易滑鞋。

7）严禁在有危险品、易燃品、木工场地的现场、仓库吸烟、生火。

8）未经施工负责人批准，不准任意拆除脚手架设施及安全装置。

9）不准带小孩进入施工现场。

10）严禁非专业人员私自开动任何施工机械及驳接、拆除电线、电器。

（4）文明施工牌。

1）施工现场周边围挡，出入口地面平整、整洁、卫生，有醒目的工程标识牌。

2）施工现场出入口有教师值班，非实习实训人员未经许可不得进入现场，学生出现场必须向实习实训指导教师请假。

3）施工场地要保持道路通畅、材料堆放整齐有序、场容场貌清洁、排污设施有效，场内无积水。

4）施工现场场地内要保持干净、整洁，做到每日清扫。

5）临时设施及外脚手架搭设牢固整齐，全封闭作业，使用合格的密目式安全防护网及水平安全网。

6)垃圾不得从高处往外抛掷，必须集中堆放，及时清运，工地出来车辆不得带有泥土污染道路。

7)实习实训学生统一着实训服上岗，实训服须保持干净、整洁。

8)每天下班前把仪器、工具等集中放入仓库。

9)项目部办公室保持整洁明亮，有关资料夹、图表、制度等悬挂有序。

10)建立施工不扰教育教学制度。

(5)消防保卫牌。

1)建立消防领导小组和保卫领导小组，健全各种消防保卫制度，按施工现场设计布置现场消防保卫工作。

2)施工现场出入口必须有教师值班，非实习实训人员不得随意进入施工现场。

3)严格执行动火审批制度，未经批准，任何人不得在现场使用明火。

4)严格执行关于易燃易爆物品的存放、保管和使用的规定，木工场地等易燃场所必须完工场清，严禁吸烟，并配备足够数量的消防灭火器材。

5)严格执行施工现场临时用电安全技术规范，非学校电工、外聘专业技术人员严禁使用机械、拉设电线。

6)必须保证消防通道、楼梯、走道及通向消防栓、水源等道路的畅通。

7)任何人不得随意移动和损坏现场设置的消防器材，若发现火情，立即报告实习实训指导教师并拨打 119 报警。

8)定期检查现场设置的消防器材，及时更换不合格的器材，并进行必要的灭火及逃生演练。

9)下班前必须关水、关电、锁好门窗。

10)由门卫保安人员及学校值班人员负责夜间巡查。

(6)施工总平面图如图 2-1 所示。

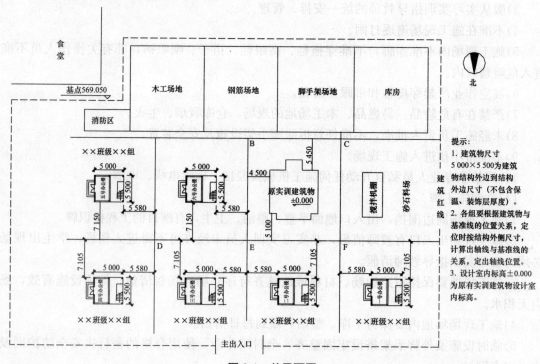

图 2-1　总平面图

6. 主要分部(分项)工程量计算

根据内蒙古地区 2009 年预算定额,相关计算过程见表 2-7。

表 2-7 主要分部(分项)工程量计算

分部(分项)工程名称	单位	工程量	备注
土方开挖	m^3	27.69	
基底夯实	m^2	50.35	
基础回填土	m^3	23.52	
房心回填土	m^3	2.03	
余土外运	m^3	2.41	
基础垫层混凝土 C15	m^3	0.75	
基础垫层模板	m^2	1.91	
基础混凝土 C25	m^3	3.38	
基础模板	m^2	6.66	
地梁混凝土 C25	m^3	1.23	
钢筋	t	1.623	综合
地梁模板	m^2	4.88	
一层柱混凝土 C20	m^3	1.25	
商品混凝土 C20	m^3	7.60	包含二层柱,一、二层梁 一、二层现浇板、楼梯
柱模板	m^2	30.50	
梁模板	m^2	34.53	
现浇板模板	m^2	24.09	
楼梯模板	m^2	10.58	水平投影面积
屋面聚苯乙烯泡沫板保温	m^3	0.24	
屋面 1:8 水泥珍珠岩找坡	m^3	1.06	
屋面 1:3 水泥砂浆找平	m^2	11.96	
屋面 SBS 改性沥青防水卷材	m^2	15.56	
屋面白铁皮压毡条	m	14.40	
外墙聚苯板保温	m^2	9.00	
地面挤塑板保温	m^3	0.24	
地面混凝土垫层 C15	m^3	0.60	
地板砖地面	m^2	11.96	
楼梯大理石地面	m^2	10.58	水平投影面积
内墙面抹水泥砂浆	m^2	7.29	
脚手架	m^2	30.64	建筑面积

7. 施工组织设计报审与审批

(1)施工组织设计(方案)审批表范例见表 2-8。

表 2-8 施工组织设计(方案)审批表(范例)

工程名称	实训办公楼 1#	日期	×年×月×日
现报上下表中的技术管理文件，请予以审批。			
类别	编制人	册数	页数
施工组织设计总方案	××	××	××
内容附后(施工组织设计)			

申报简述：

根据××建筑设计公司设计的施工图纸，按照有关规范、规程、规定完成施工组织设计。请审批。

申报部门(分包单位)：××项目部

申报人：××

审核意见：**经审核，此方案合理。**

总承包单位名称：××

审核人：××

审核日期：×年×月×日

审批意见：**同意按此方案施工。**

审批部门(单位)：公章

审批人：××

日期：×年×月×日

(2)施工组织设计(方案)报审表范例见表2-9。

表 2-9 施工组织设计(方案)报审表(范例)

工程名称:实训办公楼1#

致:××工程监理咨询有限公司
我方已根据施工合同的有关规定完成了××工程施工组织设计(方案)的编制,并经我单位上级技术负责人审查批准,请予以审查。   附:施工组织设计(方案)。 <div align="right">承包单位(章):公章 项目经理:×× ×年×月×日</div>
专业监理工程师审查意见:**经审查,同意按此方案施工。** <div align="right">专业监理工程师:×× ×年×月×日</div>
总监理工程师审查意见: **经审查,此方案根据本工程特点,制定科学、合理,针对性强,并符合国家规范、标准,同意按此方案施工。** <div align="right">项目监理机构(章):公章 总监理工程师:×× ×年×月×日</div>
注:本表一式三份,由承包单位填写,经监理单位审批后,建设、承包、监理单位各存一份。

(3)施工组织设计方案内容。

1)编制说明包括:编制说明;编制依据;适用范围的说明。

2)工程概况包括:工程概述;工程特征。

3)施工部署包括以下几项:

①施工指导思想与组织机构。

②施工的特点、重点、难点。

③主要施工方案。

④施工总工序安排。

⑤施工现场设施布置。

4)施工准备包括以下几项:

①施工现场准备。

②人员、材料、机械设备准备及进场计划。

③技术准备。

④创建良好的外部施工环境条件。

⑤施工临时用电。

⑥施工临时用水。

5)主要分部(分项)工程施工方法与工艺包括测量工程、土方工程、模板工程、钢筋工程、混凝土工程、装饰装修工程等。

6)主要管理措施包括质量、安全、节约、消防保卫、文明施工、环保等。

7)流水施工进度表和施工网络进度计划。施工进度计划范例见表2-10,施工进度计划(网络图)范例如图2-2所示。

表 2-10　施工进度计划

序号	任务名称	工期	开始时间	完成时间
1	识图	2工作日	2015年6月1日	2015年6月2日
2	工程量计算	2工作日	2015年6月3日	2015年6月4日
3	施工组织设计	2工作日	2015年6月5日	2015年6月8日
4	安全知识	1工作日	2015年6月9日	2015年6月9日
5	土方开挖	5工作日	2015年6月10日	2015年6月16日
6	地基验收	0.5工作日	2015后6月17日	2015年6月17日
7	垫层模板	1工作日	2015年6月17日	2015年6月17日
8	垫层混凝土	0.5工作日	2015年6月18日	2015年6月18日
9	基础钢筋	5工作日	2015年6月19日	2015年6月26日
10	基础模板	5工作日	2015年6月24日	2015年6月30日
11	基础混凝土	2工作日	2015年6月30日	2015年7月1日
12	土方回填	1工作日	2015年7月2日	2015年7月2日
13	地梁模板	2工作日	2015年8月17日	2015年8月18日
14	地梁钢筋	1工作日	2015年8月18日	2015年8月18日
15	地梁混凝土	1工作日	2015年8月19日	2015年8月19日
16	一层柱钢筋	3工作日	2015年8月24日	2015年8月26日
17	一层柱模板	3工作日	2015年8月25日	2015年8月27日
18	一层柱混凝土	3工作日	2015年8月27日	2015年8月28日
19	一层梁板模板	3工作日	2015年8月31日	2015年9月2日
20	一层梁板钢筋	3工作日	2015年9月2日	2015年9月7日
21	一层梁板混凝土	3工作日	2015年9月8日	2015年9月9日
22	二层柱钢筋	3工作日	2015年9月10日	2015年9月14日
23	二层柱模板	3工作日	2015年9月11日	2015年9月15日
24	二层柱混凝土	2工作日	2015年9月15日	2015年9月16日
25	二层梁板模板	2.5工作日	2015年9月17日	2015年9月21日
26	二层梁板钢筋	2工作日	2015年9月21日	2015年9月23日
27	二层梁板混凝土	1工作日	2015年9月24日	2015年9月24日
28	脚手架	30工作日	2015年8月20日	2015年10月13日
29	主体验收	0.5工作日	2015年9月25日	2015年9月25日
30	屋面	4工作日	2015年10月14日	2015年10月13日
31	二次结构	2.5工作日	2015年10月14日	2015年10月16日
32	外墙保温	1工作日	2015年10月16日	2015年10月16日
33	室内抹灰	2工作日	2015年10月19日	2015年10月20日
34	室内地面	3工作日	2015年10月21日	2015年10月23日
35	竣工验收	0.5工作日	2015年10月26日	2015年10月26日
36	清理	0.5工作日	2015年10月26日	2015年10月26日
37	评比颁奖	0.5工作日	2015年10月27日	2015年10月27日

Gantt 图表列标题：2015年6月　2015年7月　2015年8月　2015年9月　2015年10月

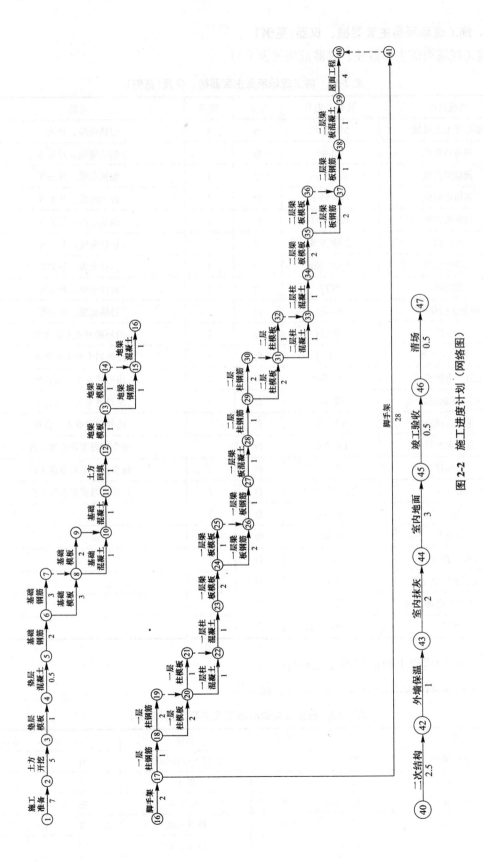

图 2-2 施工进度计划（网络图）

8. 施工现场所需主要器械、仪器(范例)

施工现场所需主要器械、仪器范例见表 2-11。

表 2-11 施工现场所需主要器械、仪器(范例)

机械名称	规格、型号	单位	数量	备注
多功能木工机械	MLQ343	台	1	包括电缆、开关等
钢筋切断机	QJ-40	台	1	包括电缆、开关等
钢筋调直机	GT4-18	台	1	包括电缆、开关等
钢筋弯曲机	GW40-1	台	1	包括电缆、开关等
直流弧焊机	BX3-200	台	1	包括电缆、开关等
吹风机	YHCF-S	台	1	包括电缆、开关等
电动夯实机	20-62 Nm	台	1	包括电缆、开关等
切割机	SQ3	台	1	包括电缆、开关等
混凝土搅拌机	JG350	台	1	包括电缆、开关等
电锤	ZIC-26	台	1	由外聘专业人员自备
手提式搅拌器	JB-250L	台	1	由外聘专业人员自备
电渣压力焊机具	BX3-500	套	1	由外聘专业人员自备
插入式振捣器	ZB-50	台	1	由外聘专业人员自备
平板振捣器	PZ150	台	1	由外聘专业人员自备
电子水准仪	DL-501	台	1	每个实习实训小组 1 台
经纬仪	DJ6	台	1	每个实习实训小组 1 台
铅垂仪	南方 ML-401	台	1	每个实习实训小组 1 台
磅秤	100 kg	台	1	
台秤	10 kg	台	1	
混凝土回弹仪	SZ-2	台	1	
钢筋保护层测定仪	FRBJ-1	台	1	
混凝土坍落度测定仪	TLY-1	台	1	
环刀	A79.8×20 mm	套	1	

9. 各实习实训小组所需主要工具(范例)

各实习实训小组所需主要工具范例见表 2-12。

表 2-12 各实习实训小组所需主要工具(范例)

名称	单位	数量	名称	单位	数量
质量检测器	套	1	混凝土标准试模	组	1
3 m、5 m 塔尺	套	1	墨斗	个	1
尖铁锹	把	2	安全带	副	2
平铁锹	把	2	绝缘水靴	双	2
铁镐	把	1	绝缘手套	副	2

名称	单位	数量	名称	单位	数量
石笔	个	1	卫生药箱	个	1
50 m 钢卷尺	个	1	胶皮小斗	个	4
手锯	把	2	胶皮大斗	个	2
水平尺	把	1	水桶	个	1
钳子	把	1	手推车	台	1
扳手	把	1	自制溜槽	个	1
钉锤	把	2	刮杠	根	1
橡皮锤	把	1	滚筒	个	1
撬棍	根	1	钢针	个	1
线坠	个	1	铁插尺	个	1
木抹子	把	1	坡度尺	个	1
铁抹子	把	1	托线板	个	1
阴阳角抹子	把	1	铁水平	个	1
捋角器	个	1	起拱扳子	个	2
瓦刀	把	2	铅丝钩	个	3
壁纸刀	把	1	筛子	个	1
方尺	把	1	喷壶	个	1
砂浆标准试模	组	1	塑料水管	m	根据现场确定

10. 各实习实训小组所需要主要材料(已包括正常施工损耗)(范例)

各实习实训小组所需要的主要材料(已包括正常施工损耗)范例见表 2-13。

表 2-13 各实习实训小组所需要主要材料(范例)

材料名称	规格	单位	数量
水泥	32.5	t	3.85
砂子	中砂	m³	4.88
碎石	5~31.5	m³	7.55
钢筋	φ10 以内	t	0.566
钢筋	φ10 以上	t	1.097
马凳	成品	个	121
镀锌钢丝	20#	kg	9.00
镀锌钢丝	12#	kg	6.00
钢钉	综合	kg	5.00
木方	综合	m³	2.40
模板	1.220 m×2.440 m	m²	124.57
钢管	综合	m	1 387.40
扣件	综合	个	400.00
脚手板	木	块	32.00

材料名称	规格	单位	数量
紧固螺栓	1 200 mm	个	96.00
丝杆	600 mm	个	76.00
柱箍	自制	个	14.00
槽钢	12#	m	60.00
水平安全网	0.60 m×6 m	块	5.00
密目网	1.80 m×6 m	块	25.00
砌块	190 mm×190 mm×90 mm	m³	1.76
外墙保温板	$\delta=20$	m³	0.18
玻纤网	4 mm×4 mm	m²	11.70
聚乙烯胀栓	$\phi 8$	套	41.00
专用胶粘剂	FIRST	kg	45.90
砂浆	抗裂	kg	40.50
屋面保温板	$\delta=20$	m³	0.24
地面保温板	$\delta=20$	m³	0.24
陶瓷地砖	600 mm×600 mm	块	34.00
防水卷材	SBS	m²	19.20
大理石	综合	m²	7.29

11. 实习实训学生所需要资料、用品(范例)

实习实训学生所需要资料、用品范例见表2-14。

表2-14　实习实训学生所需要资料、用品(范例)

名称	单位	数量	备注
图纸	套	1	
施工日志	份	1	
分部(分项)工程施工技术交底	份	1	
施工方案	份	1	
安全技术资料	份	1	
安全帽	个	1	
手套	付	1	
盒尺	个	1	5 m

12. 施工过程中不扰民措施

(1)建筑施工所产生的噪声、粉尘等给周围环境带来一定影响,为了避免和缩小所造成的不良影响,为保障建筑工地施工人员和附近居民的生活环境和生态环境,促进工程的正常运行,特制订下列不扰民措施:

1)施工现场防大气污染的各项措施。

2)施工现场防噪声污染的各项措施。

3)施工现场防水污染的各项措施。

（2）由于施工过程中需连续进行，不能间断施工，必须在夜间施工时，需要向当地环保部门提出申请，经审批并公示后方可进行。建筑工地夜间施工作业申请表范例见表2-15。

表2-15 建筑工地夜间施工作业申请表（范例）

编号：××

工程项目名称	实训办公楼1#				
工程地址	实习实训基地				
建设单位（盖章）	××	联系人	××	电话	××××
施工单位（盖章）	××	联系人	××	电话	××××
申请夜间施工内容					
项目	申请时间		夜间作业量		施工工艺及设备名称
1.桩基	年 月 日 时到 年 月 日 时				
2.土石方	年 月 日 时到 年 月 日 时		土石方量： 　　　　m³		
3.结构	年 月 日 时到 年 月 日 时		混凝土浇捣量： 　　　　m³		混凝土输送泵和布料机、插入式振捣器
4.其他	年 月 日 时到 年 月 日 时				
施工单位拟采取环境噪声污染防治措施： **1. 禁止施工过程中大声喧哗。** **2. 禁止车辆鸣笛。** **3. 振捣结束时，立即关闭振捣设备**			环保部门审批意见： （1）根据环保法律法规有关规定，同意你单位于×年×月×日×时到×年×月×日×时进行阶段的夜间施工。 （2）在施工前，应张贴告示提醒居民。 （3）在施工过程中应严格遵守有关夜间施工的规定，加强管理，落实防治措施，做到文明施工。其他要求：无。 审批部门：公章 经办人：×× 审批日期：×年×月×日		
申请材料： **1. 建设单位、施工单位营业执照复印件** **2. 工地设备布置图** **3. 工地周边地形图** **4. 特殊需要连续施工的证明材料**					
许可决定送达方式 □邮寄 ☑自行领取 □其他送达方式					
注：本表一式四份。××环保局、××环境监察支队、环保办、申请单位各持一份。					

13. 熟练使用常用的建筑检测仪器、工具(范例)

熟练使用常用的建筑检测仪器、工具范例见表2-16。

表 2-16 熟练使用常用的建筑检测仪器、工具(范例)

序号	仪器、工具名称		检测项目
1	检测尺(靠尺)		(1)墙(柱)面垂直度;(2)墙(柱)面平整度;(3)地面平整度;(4)水平度或坡度
2	小线盒(卷线器)、钢板尺、楔形塞尺		(1)小线盒与钢板尺配合检测墙面板接缝直线度;(2)小线盒与钢板尺配合检测地面板块分格缝接缝直线度;(3)钢板尺检测接缝宽度;(4)薄片塞尺与钢板尺配合检查接缝高低差
3	方尺(直角尺)		(1)装饰装修墙面阴阳角方正度;(2)模板90°阴阳角方正度;(3)箍筋与主筋的方正度;(4)女儿墙、屋脊、檐口等的方正度
4	磁力线坠		(1)上下水、消防水、采暖、煤气等竖向金属管道的垂直度;(2)高度在3~5 m的钢管柱或钢柱安装的垂直度
5	响鼓槌	大响鼓槌	(1)大块石材面板、大块陶瓷面砖的空鼓面积或程度;(2)较厚的水泥砂浆找坡层及找平层的空鼓面积及程度;(3)厚度在40 mm左右的混凝土面层的空鼓面积或程度
		小响鼓槌	(1)厚度在20 mm以下的水泥砂浆找坡层、找平层、面层的空鼓面积及程度;(2)小块陶瓷面砖的空鼓面积或程度
		伸缩响鼓槌	墙(地)砖、乳胶漆墙面与较高墙面的空鼓情况
6	对角检测尺与检测镜		(1)单独使用对角检测尺检测门窗、洞口等构件或实体的对角线差,并通过对角线差来判定其方正程度;(2)对角检测尺与检测镜配合检测高处的背面、冒头等的质量状态;(3)单独使用检测镜检测管道背后、门的上下冒头、弯曲面等肉眼不易看到部分的质量状态
7	钢卷尺		构件的截面尺寸等
8	百格网		砂浆饱满度
9	焊接检测尺		(1)测量型钢、板衬及管道错口;(2)测量坡度角度;(3)测量垂直焊缝高度(对接、角接);(4)测量角焊缝高度;(5)测量焊缝高度;(6)测量坡口错位;(7)测量焊缝咬肉深度
10	拖线板		墙体垂直度等
11	线坠		垂直度
12	混凝土回弹仪		混凝土抗压强度
13	钢筋保护层测定仪		(1)混凝土保护层厚度、钢筋位置、间距、估测钢筋直径;(2)对密集区钢筋进行分析;(3)钢筋网格分布图;(4)剖面钢筋分布图
14	混凝土坍落度测定仪		用坍落度在1~15 cm,最大集料粒径不大于40 mm的塑性混凝土做坍落试验
15	环刀		测定基础回填土和房心回填土压实度

🚩 要点说明

1. 施工图识读是施工计划、组织、实施的首要基础工作。

2. 施工组织就是要善于在每一个独特的情况下找到最合理的施工方法和组织方法,并善于应用它。

任务二　安全准备工作

（1）场地显眼位置悬挂安全标语。

（2）认识常用的安全标识图。施工现场常用的安全标识图范例如图2-3所示。

图2-3　施工现场常用的安全标识图

（3）三级安全教育。

1）三级教育的内容。

①公司一级教育内容。

②项目部二级教育内容。

③各班组三级教育内容。

2）安全教育答卷（施工人员安全培训考试，不合格者不允许上岗）。

某项目部安全教育试卷如下：

安全教育试卷

姓名：_____ 工种：_____

一、是非题(每题 1.5 分，共 15 分)

1. 安全生产管理，坚持安全第一、预防为主、综合治理的方针。（ ）

2. 禁止在脚手架和脚手板上超重聚集人员或放置超过计算荷重的材料。（ ）

3. 使用砂轮研磨时，应佩戴防护眼镜或装设防护玻璃。（ ）

4. 特种作业人员经过培训，如考核不合格，可在两个月内进行补考，补考仍不合格，可在一个月内再进行补考。（ ）

5. 生产经营单位应当在有较大危险因素的生产经营场所和有关设施、设备上，设置明显的安全警示标志。（ ）

6. 生产、经营、储存、使用危险物品的车间、仓库不得与员工宿舍在同一座建筑物内，并应当与员工宿舍保持安全距离。（ ）

7. 从业人员发现直接危及人身安全的紧急情况时，可以边作业边报告本单位负责人。（ ）

8. 建筑施工安全"三件宝"：它们是安全帽、安全带及脚手架。（ ）

9. 电气设备发生火灾不准用水扑救。（ ）

10. 氧气瓶和乙炔瓶工作间距不应少于 5 m。（ ）

二、填空题(每空 1.5 分，共 36 分)

1. 三线电缆中的红色线是_____。

2. 工人操作机械时，要求穿着紧身合适的工作服，以防_____。

3. 未成年工是指_____的劳动者。

4. 安全色含义：红色：_____，蓝色：_____，绿色：_____，黄色：_____。

5. 安全生产方针是_____、_____、_____。

6. 攀登作业时，操作人员必须_____梯子。

7. 发生工伤事故后应采取的措施：单位立即向_____报告，如单位不报告，职工或职工家属应直接向_____举报；保护现场，以便有关人员调查确认；抢救伤员，尽可能减少人员伤害程度。

8. 职工上岗前的"三级"安全教育，即：_____、_____、_____。_____必须重新经过"三级"安全教育后才允许上岗工作。

9. 五大伤害发生率较高，分别是：_____、_____、_____、_____、_____。

10. 槽、坑、沟边堆土高度不得超过_____m。

11. 起重机的吊钩危险断面的磨损量达到原来的_____%时，应及时报废，绝对不可以采取补焊的办法来增大断面面积。

三、问答题(每题 10 分，共 49 分)

1. 危险物品包括哪几类？(9 分)

2. 什么是"三不伤害"？(10 分)

3. 什么是工伤事故？（10分）

4. 遇到断开的高压线对人员造成伤亡时，应采取什么措施？（10分）

5. "三宝""四口"指的是什么？（10分）

要点说明

施工过程中要全面贯彻"安全第一、预防为主、综合治理"的方针。

 技能巩固

什么是施工安全动态治理？

参考答案

技能拓展

编制施工组织设计。

模块三　建筑物放线

任务一　研读施工总平面图

(1)建筑物红线:一般称为建筑控制线,是建筑物基地控制线。

(2)建筑基线:建筑场地的施工控制基准线。

(3)根据图纸设计,用给定的建筑红线、建筑基线、标高制定的施工总平面图作为各实习实训小组施工的依据,如图 2-1 所示。各实习实训小组明确施工位置、建筑物朝向、各相关尺寸要求,并进行复核。

(4)建设单位提供的水准点和坐标点复核记录。

1)水准点复核记录表范例见表 3-1 和图 3-1 所示。

2)坐标点复核记录范例见表 3-2 和图 3-2 所示。

表 3-1　水准点复核记录表

工程名称:实训办公楼　　　　复核部位:设计水准点复核

实习班级:××班级　　　　实习实训小组:××小组 5♯办公楼

×年×月×日

测点	后视实测点读数 /mm	前视标准点读数 /mm	实测高差 /mm	高程 /m	设计已知高程
1	1 320	1 318	2	569.052	569.050
2	1 317	1 318	−1	569.049	569.050

测点	后视实测点读数/mm	前视标准点读数/mm	实测高差/mm	高程/m	设计已知高程
3	1 319	1 318	1	569.051	569.050
4	1 318	1 318	0	569.050	569.050
		以下空白			

结论：符合要求。

观测：×× 复测：×× 计算：××

实习实训教师、学生代表：××、××

表 3-2 坐标点复核记录

工程名称：实训办公楼 　　复核部位：设计坐标点复核

实习班级：××班级 　　实习实训小组：××小组 5#号办公楼

×年×月×日

工程名称		××小组 5#办公楼					
测量复核人		××					
点号		实测坐标(x/y)/m	设计坐标(x/y)/m	偏差(dx/dy)/mm	位移(d_s)/mm	限差/mm	备注
①	X	488.95	488.92	3	3	<8	
①	Y	507.105	507.105	0	0	<8	
②	X	488.92	488.92	0	0	<8	
②	Y	512.106	512.105	1	1	<8	
③	X	494.43	494.42	1	1	<8	
③	Y	512.105	512.105	0	0	<8	
复核结论		符合要求					

实测：×× 复测：×× 计算：××

实习实训教师、学生代表签字：××、××

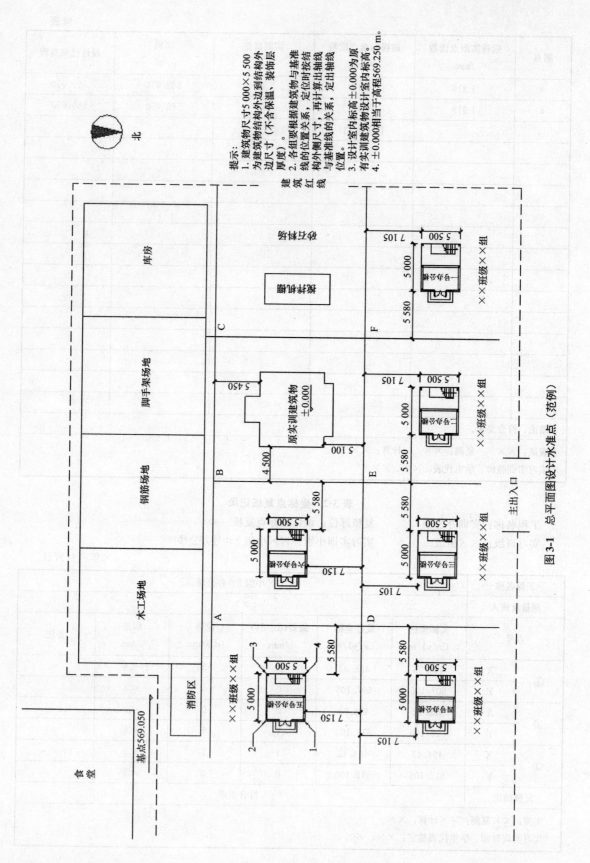

图 3-1　总平面图设计水准点（范例）

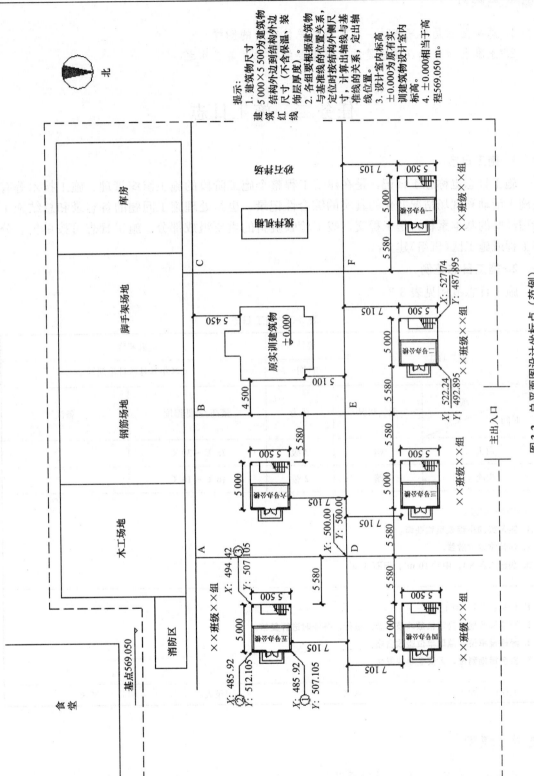

图 3-2 总平面图图设计坐标点（范例）

1. 总平面图是用来表达一项工程的总体布局的图样。
2. 水准点和坐标点复核是施工前重要的技术准备工作之一。

任务二　施工日志

1. 施工日志

施工日志也称施工日记，是在建筑工程整个施工阶段的施工组织管理、施工技术等有关施工活动和现场情况变化的真实的综合性记录，也是处理施工问题的备忘录和总结施工管理经验的基本素材，是工程交、竣工验收资料的重要组成部分。施工日志可按单位、分部工程或施工区(班组)建立。

2. 施工日志范例

施工日志范例见表 3-3。

表 3-3　施工日志

施工日志		编号	第×号	
		日期	×年×月×日星期×	
时间　　　项目	天气状况	风力	最高/最低温度	备注
白天	晴	3 级	25 ℃～30 ℃	
夜晚	晴	2 级	16 ℃～18 ℃	
生产情况记录： 1. 实习实训小组成员均在岗。 2. 建筑物定位放线。 3. 购进水泥 8 t，中砂 10 m³，碎石 8 m³				
技术质量安全工作记录： 1. 严格按照建筑物定位放线技术要点进行，并随时进行复核。 2. 经建设单位、监理单位验收合格。 3. 安全措施到位，无安全事故发生				
工程负责人	××		记录人	××

记录施工情况，真实、及时是前提。

任务三　建筑场地的平整测量

基础测量放线前，根据现场给定的标高，将施工现场场地进行平整。平整场地应考虑到挖填土方量基本平衡的原则，也就是挖高填低，就地取土，进行平整。建设单位平整场地时，已将设计室外标高与室外地坪相同，便于基础测量放线和土石方工程施工，并进行高差测量记录，见表3-4。

表 3-4　场地高差测量记录表

工程名称	××班级××小组×号办公楼		测量日期：	×年×月×日
	1.67　　　　1.63　　　　1.62 1.64　　　　1.65　　　　1.64 1.60　　　　1.62　　　　1.63			
测量值计算结果：|1.67+1.63+1.62+1.64+1.65+1.64+1.60+1.62+163|/9=1.63(m)				
施工单位：×××		建设单位：×××		监理单位：×××
说明： 1. 场地土方高于室外地坪 300 mm 以上的，需做网格式地坪标高点。如高差较大时，则网格点越小越好。 2. 由于本工程面积小，所以不需做网格点，进行场地高差即可，测量点数不确定，除四个大角点必测外，原则是越多越好				

要点说明

建筑场地的平整测量是造价中关于是否计算平整场地的依据。

任务四　水准点、标高点引测

（1）水准点引测。根据测定的四个大角点，分别向四周引出大角点的隐蔽点（水准点）。其做法如下：

1）安放地点在不被破坏的区域及埋设在不易损毁的坚实土质内。

2）如果使用时间较短，做临时性水准点，可采用的方法为打入地下中木桩（截面 70 mm×70 mm），在木桩顶部中心钉入一半球形圆头钉。并使钉帽中心与大角点对应。

3）如果需要久远保存，一般采用的方法为挖 500 mm×500 mm×500 mm 的方坑，灌满混凝土，在混凝土中安放大于 φ16 的钢筋，使钢筋露出混凝土表面 20 mm 左右，将钢筋顶面用钢锯划出十字线，并使十字线交点与大角点相对应。

4）如果是规划部门给定的大角点，一般只给定四个大角点中的两个（或三个），施工时自行确定另外两个（或一个）大角点的准确位置。

5)大角点的尺寸大多数为建筑结构外边线的尺寸，不包括墙体外侧保温、装饰装修等厚度。

（2）标高点引测。

1)根据图纸设计，将建筑物的设计室内地坪标高±0.000引到建筑物周边，一般每个边2个，四个边8个，作为永久记录，以备施工使用。

2)永久记录按现场条件，选择最牢固的位置，通常是周边建筑物的墙、柱侧面，用红漆绘成顶为水平线的▼形，其顶端表示±0.000的位置。

任务五　建筑物放线

1. 技术交底

技术交底是在某一个单位工程开工前，或某一个分项工程施工前，由技术负责人向参与施工的人员进行的技术性交待，必须强调进行书面交底，交底人和被交底人在交底结束后需签名确定，必要时还需用示范操作方法进行。其目的是使施工人员对工程特点、技术质量要求，施工方法与措施方面有一个详细的了解，以便于科学地组织施工，避免技术质量等事故发生。

2. 工程测量放线技术交底

（1）建筑物施工控制网。

1)建筑物施工控制网，根据建筑物的设计形式和特点，布设成十字轴线或矩形控制网。其根据场区控制网进行定位、定向和起算。控制网的坐标轴，与工程设计所采用的主、副轴线一致。建筑物的±0.000高程面，根据场区水准点测设。民用建筑物施工控制网也可根据建筑红线定位。

2)建筑物施工平面控制网，根据建筑物的分布、结构、高度、基础埋深和机械设备传动的连接方式、生产工艺的连续程度，分别布设一级或二级控制网。其主要技术应符合表3-5的规定。

表3-5　建筑物施工平面控制网的主要技术要求

等级	边长相对中误差	测角中误差
一级	≤1/30 000	$7''\sqrt{n}$
二级	≤1/15 000	$15''\sqrt{n}$

注：n为建筑物结构的跨数。

3)建筑物施工平面图控制网的建立，应符合下列规定：

①控制点，选在通视良好、土质坚实、利于长期保存、便于施工放样的地方。

②控制网加密的指示桩，宜选在建筑物行列线或主要设备中心线方向上。

③主要的控制网点和主要设备中心线端点，埋设固定标桩。

④控制网轴线起始点的定位误差，不应大于20 mm；两建筑物（厂房）间有联动关系时，

不应大于 10 mm，定位点不得少于 3 个。

⑤水平角观测的测回数，根据表 3-5 中测角中误差的大小，按表 3-6 选定。

表 3-6　水平角观测的测回数

测角中误差　　　仪器精度等级	2.5″	3.5″	4.0″	5″	10″
1″级仪器	4	3	2	—	—
2″级仪器	6	5	4	3	1
6″级仪器	—	—	—	4	3

⑥矩形网的角度闭合差，不应大于测角中误差的 4 倍。

⑦边长测量宜采用电磁波测距的方法，作业的主要技术要求须符合表 3-7 的相关规定；二级网的边长测量也可采用钢尺量距，作业的主要技术要求须符合表 3-8 的规定。

表 3-7　测距的主要技术要求

平面控制网等级	仪器精度等级	每边测回数		一测回读数较差/mm	单程各测回较差/mm	往返测距较差/mm
		往	返			
三等	5 mm 级仪器	3	3	≤5	≤7	≤2(a+b×D)
	10 mm 级仪器	4	4	≤10	≤15	
四等	5 mm 级仪器	2	2	≤5	≤7	
	10 mm 级仪器	3	3	≤10	≤15	
一级	10 mm 级仪器	2		≤10	≤15	—
二、三级	10 mm 级仪器	1		≤10	≤15	

注：1. 测回是指照准目标一次，读数 2~4 次的过程。
　　2. 困难情况下，边长测距可采取不同时间段测量代替往返观测。

表 3-8　普通钢尺量距的主要技术要求

等级	边长量距较差相对误差	作业尺数	量距总次数	定线最大偏差/mm	尺段高差较差/mm	读定次数	估读值至/mm	温度读数值至/℃	同尺各次或同段各尺的较差/mm
二级	1/20 000	1~2	2	50	≤10	3	0.5	0.5	≤2
三级	1/10 000	1~2	2	70	≤10	2	0.5	0.5	≤3

注：1. 量距边长应进行温度、坡度和尺长改正。
　　2. 当检定钢尺时，其相对误差不应大于 1/100 000。

⑧矩形网按平差结果进行实地修正，调整到设计位置。当增设轴线时，可采用现场改点法进行配赋调整，点位修正后，进行矩形网角度的检测。

(2)建筑物的围护结构封闭前，根据施工需要将建筑物外部控制转移至内部。内部的控制点，宜设置在浇筑完成的预埋件上或预埋的测量标板上。引测的投点误差，一级不应超过 2 mm，二级不应超过 3 mm。

(3)建筑物高程控制，应符合下列规定：

1)建筑物高程控制，采用水准测量。附合路线闭合差，不应低于四等水准的要求。

2)水准点可设置在平面控制网的标桩或外围的固定地物上，也可单独埋设。水准点的个数，不应少于2个。

3)当场地高程控制点距离施工建筑物小于200 m时，可直接利用。

(4)当施工中高程控制点标桩不能保存时，将其高程引测至稳固的建筑物或构筑物上，引测的精度，不应低于四等水准。

(5)建筑物施工放样。

1)建筑物施工放样，应具备下列资料：

①总平面图。

②建筑物的设计与说明。

③建筑物的轴线平面图。

④建筑物的基础平面图。

⑤设备的基础图。

⑥土方的开挖图。

⑦建筑物的结构图。

⑧管网图。

⑨场区控制点坐标、高程及点位分布图。

2)放样前，对建筑物施工平面控制网和高程控制点进行校核。

3)测设各工序间的中心线，宜符合下列规定：

①中心线端点，根据建筑物施工控制网中相邻的距离指标桩以内分法测定。

②中心线投点，测角仪器的视线根据中心线两端点决定，当无可靠校核条件时，不得采用测设直角的方法进行投点。

4)在施工的建(构)筑物外围，建立线板或轴线控制桩。线板注记中心线编号，并测设标高。线板和轴线控制桩应注意保存。必要时，可将控制轴线标示在结构的外表面上。

5)建筑物施工放样，应符合下列要求：

①建筑物施工放样、轴线投测和标高传递的允许偏差，不应超过表3-9的规定。

表3-9　建筑物施工放样、轴线投测和标高传递的允许偏差

项目	内容		允许偏差/mm
基础桩位放样	单排桩或群桩中的边桩		±10
	群桩		±20
各施工层上放线	外廊主轴线长度 L/m	L≤30	±5
		30<L≤60	±10
		60<L≤90	±15
		90<L	±20
	细部轴线		±2
	承重墙、梁、柱边线		±3
	非承重墙边线		±3
	门窗洞口线		±3

项目	内容		允许偏差/mm
轴线竖向投测	每层		3
	总高 H/m	$H \leqslant 30$	5
		$30 < H \leqslant 60$	10
		$60 < H \leqslant 90$	15
轴线竖向投测	总高 H/m	$90 < H \leqslant 120$	20
		$120 < H \leqslant 150$	25
		$150 < H$	30
标高竖向传递	每层		±3
	总高 H/m	$H \leqslant 30$	±5
		$30 < H \leqslant 60$	±10
		$60 < H \leqslant 90$	±15
		$90 < H \leqslant 120$	±20
		$120 < H \leqslant 150$	±25
		$150 < H$	±30

②施工层标高的传递，宜采用悬挂钢尺代替水准尺的水准测量方法进行，并对钢尺读数进行温度、尺长和拉力改正。传递点的数目，根据建筑物的大小和高度确定。规模较小的工业建筑或多层民用建筑，宜从 2 处分别向上传递；规模较大的工业建筑或高层民用建筑，宜从 3 处分别向上传递。当传递的标高较差小于 3 mm 时，可取其平均值作为施工层的标高基准，否则，重新传递。

③施工层的轴线投测，宜使用 2″级激光经纬仪或激光铅直仪进行。控制轴线投测至施工层后，在结构平面上按闭合图形对投测轴线进行校核。合格后，才能进行本施工层上的其他测设工作，否则，重新进行投测。

④施工的垂直度测量精度，应根据建筑物的高度、施工的精度要求、现场观测条件和垂直度测量设备等综合分析确定，但不应低于轴线竖向投测的精度要求。

⑤在大型设备基础浇筑过程中，应及时对其进行监测。当发现位置及标高与施工要求不符时，应立即通知施工人员，及时处理。

⑥在每次现场测设之前，应根据设计图纸和测量控制点的分布情况，准备好相应的测设数据进行校核，需要时还可绘出测设略图，将测设数据标注在略图上，使现场测设时更方便、快速，并减少出现错误的可能。

测设建筑物的四点绘标有测设数据的草图，如图 3-3 所示。

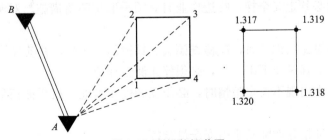

图 3-3　测设数据草图

(6)结构安装测量的精度，分别满足下列要求：

1)柱子、桁架和梁安装测量的允许偏差，不应超过表3-10的规定。

表 3-10 柱子、桁架和梁安装测量的允许偏差

测量内容		允许偏差/mm
钢柱垫板标高		±2
钢柱±0.000标高检查		±2
混凝土柱(预制)±0.000标高检查		±3
柱子垂直度检查	钢柱牛腿	5
	柱高10 m以内	10
	柱高10 m以上	$H/1\,000$，且$\leqslant20$
桁架和实腹梁、桁架和钢架的支撑结点之间相邻高差的偏差		±5
梁间距		±3
梁面垫板标高		±2

注：H 为柱子高度(mm)。

2)构件预装测量的允许偏差，不应超过表3-11的规定。

表 3-11 构件预装测量的允许偏差

测量内容	测量的允许偏差/mm
平台面抄平	±1
纵横中心线的正交度	$±0.8\sqrt{L}$
预装过程中的抄平工作	±2

注：L 为自交点起算的横向中心线长度的米数。长度不足5 m时，以5 m记。

3. 安全技术交底

安全技术交底是依据施工组织设计中的安全措施，结合具体施工方法，结合现场的作业条件及环境，由安全负责人向参与施工人员进行安全性交代。安全技术交底必须强调进行书面交底，交底人和被交底人在交底结束后需签名确定。

4. 工程测量放线安全技术交底

(1)进入作业现场必须按规定正确佩戴安全防护用品。

(2)不准在作业区域内乱扔工具，追逐、打闹。

(3)在基坑底作业前必须检查槽壁的稳定性，确认安全后再下基坑底作业。人员上下基坑时，必须走木梯。配合机械挖土作业，严禁进入铲斗回转半径范围。

(4)高处作业时必须走安全梯，临边作业时必须采取防坠落措施。对洞口加以盖板不得随意挪动。

(5)测量作业埋设龙门钢管时，应检查镐头、铁锹的牢固性，并疏导周围人员。

(6)遇到六级以上强风及下雨天气，必须停止测量作业。

(7)当测量作业中出现不安全险情时，必须立即停止作业，组织撤离危险区域，不得冒险作业。

(8)服从实习实训指导教师及小组安全员指挥。

5. 建筑物放线

（1）角桩：即大角的位置，一般用在木桩上钉小钉的方式标出位置，小钉钉身之间的距离即为建筑物结构柱与结构柱外边线的长度，如图3-4所示。

（2）中心桩：根据外墙各轴线交点的位置，一般用木桩上钉小钉的方式做标志，小钉钉身之间的距离即为外墙轴线之间的长度。

根据图纸设计，将角桩小钉分别向内侧移动100 mm，分别换成中心桩，并且进行复核，如图3-5所示。

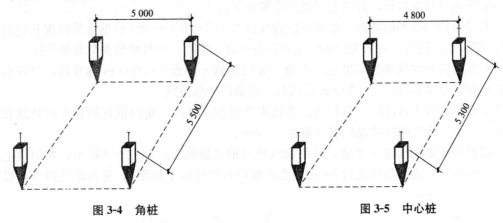

图3-4　角桩　　　　　　　　　　　　　　图3-5　中心桩

（3）由于基槽开挖后，角桩和中心桩将被挖掉，为了便于在施工中恢复轴线的位置，应把各轴线延长到槽外安全地点，并做好标志，其方法有设置轴线的控制桩和龙门板两种形式。

1）设置轴线的控制桩。将轴线控制桩设置在基础轴线的延长线上，作为开槽后各施工阶段恢复各轴线的依据。轴线控制桩离基槽外边线的距离应根据施工场地的条件而定，一般离基槽外边2~4 m不受施工干扰并便于引测的地方。如果场地附近有一建筑物或围墙，也可将轴线投设在建筑物的墙体上做出标志，作为恢复轴线的依据。其测设步骤如下：

①将经纬仪安置在轴线的交点处，将望远镜十字丝纵丝照准地面上的轴线，再抬高望远镜，把轴线延长到距离基槽外边（测设方案）规定的数值上，钉设轴线控制桩，如图3-6所示，并在桩上的望远镜十字丝交点处，钉一小钉作为轴线钉。一般在同一侧离开基槽外边的数值相同（如同一侧离基槽外边的控制桩都为3 m）并要求同一侧的控制桩要在同一竖直面上。

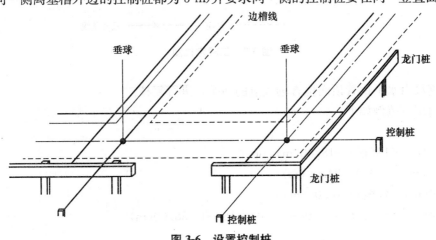

图3-6　设置控制桩

倒转望远镜，将另一端的轴线控制桩也测设于地面。将照准部转动 90°可测设相互垂直轴线，轴线控制桩要钉得竖直、牢固，木桩侧面与基槽平行。

②用水准仪根据建筑场地的水准点，在控制桩上测设±0.000 m 标高线，并沿±0.000 m 标高线钉设控制板，以便竖立水准尺测设标高。

③用钢尺沿控制桩检查轴线钉间距，经检合格以后以轴线为准，将基槽开挖边界线画在地面上，拉线并做出标记。

2)设置龙门板(龙门桩与龙门板使用钢管)。在一般民用建筑中为了施工方便，可在基槽外一定距离订设龙门板。订设龙门板的步骤如下：

①在建筑物四角和隔墙两端基槽开挖边线以外的 1~1.5 m 处(根据土质情况和挖槽深度确定)埋设龙门钢管，每根龙门钢管要埋设得顺直、牢固，钢管桩侧面与基槽平行。

②根据建筑物的场地的水准点，在每个龙门钢管上测设±0.000 m 标高线，当现场条件不许可时，也可测设比±0.000 m 高或低一定数值的标高线。

③在龙门钢管上测设同一高程线，连接水平钢管，这样，龙门钢管的顶面标高就在同一水平面上了。钢管标高测设的容许差为±5 mm。

④根据轴线桩用经纬仪将墙、柱的轴线投到钢管顶面上，如图 3-7 所示，在钢管上缠红胶带，红胶带的边缘与轴线对齐(或用蓝圆珠笔在红胶带上标明)，称为轴线投点，投点的允许差为±5 mm。

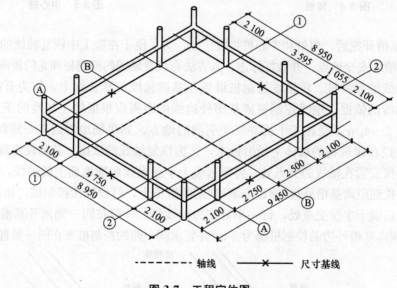

- - - - - - - 轴线　　——×—— 尺寸基线

图 3-7　工程定位图

⑤用钢尺沿水平钢管顶面检查轴线点的间距，进行复核。

3)材料用量范例如下：

①钢管：

a. 1.50(m)×12(根)=18.00(m)

b. 6.00(m)×4(根)=24.00(m)

c. 4.00(m)×4(根)=16.00(m)

d. 钢管长度合计：$L=18.00+24.00+16.00=58.00$(m)

②十字扣件：8 个。

③说明：转角处钢管上焊接两个管头，长为 30 mm，管径比水平管大一号。

要点说明

技术交底和安全技术交底是施工过程中技术和安全保障。

技能巩固

参考答案

水准点和坐标点复核后如果与建设单位提供的不符合，应如何处理？

技能拓展

如本实训办公楼工程的长度为 50.00 m，宽度为 10.00 m，绘制其方格网图。

模块四 土石方工程

任务一 土方开挖边线放线

(1)确定基槽开挖边线放线位置条件，包括：图纸设计要求、土壤类别、工作面、挖土深度；机械或人工开挖方式等。并撒出白灰控制线，如图4-1所示，作为挖土的依据。

(2)本工程为三类土，反铲挖掘机挖土且坑上作业，挖土深度为550 mm，工作面为300 mm。

(3)根据图纸设计，基槽开挖边线为如图4-2所示。

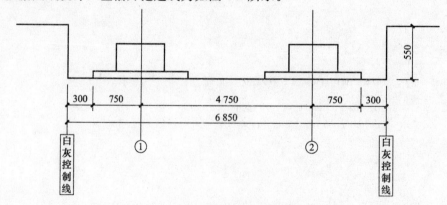

图4-1 白灰控制线计算图

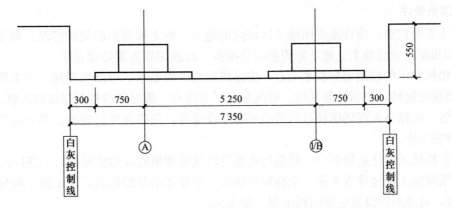

图 4-1 白灰控制线计算图（续）

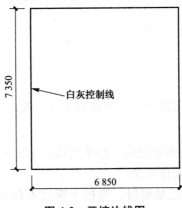

图 4-2 开挖边线图

要点说明

白灰控制线要沿画好的点（线）撒得均匀、顺直。

任务二 土方开挖技术交底

一、施工准备

1. 技术准备

（1）熟悉施工图纸及图纸会审记录、设计变更，编制土方开挖施工方案并经审批。

（2）现场勘察地形、地貌，实地了解施工现场及周围的情况。

（3）进行桩位交接验收及复测工作，测设土方开挖控制点。

2. 机具准备

反铲挖掘机、测量仪器、铁锹（尖头与平头两种）、手推车、手锤、铁镐、撬棍、小白线、钢卷尺、坡度尺等。

3. 作业条件

（1）土方开挖前，应详细查明施工区域内的地下、地上障碍物的处理情况。对于基坑内的管线和相距较近的地上、地下障碍物应已按拆、改或加固方案处理完毕。

（2）根据给定的控制坐标和水准点，按建筑物总平面要求，引测到现场。在工程施工区域设置测量控制网，包括控制基线、轴线和水平基准点。做好轴线控制测量的校核。

（3）施工机械进入现场所经过的道路和卸车设施等，应事先经过检查，必要时做好加固和加宽准备工作。

（4）在机械无法作业的部位，修整边坡坡度以及清理槽底等均应配备人工进行。

（5）做好施工场地排水工作，全面规划场地，平整各部分的标高，保证施工场地排水通畅不积水，场地周围设置必要的挡土坝、排水沟。

（6）反铲挖掘机所占土层填筑适当厚度的碎石或渣土，以免反铲挖掘机出现塌陷。

（7）基坑边缘堆置土方或建筑材料，距离基坑上部边缘不应少于 2 000 mm，弃土堆置高度不应超过 1 500 mm。

二、施工工艺

1. 工艺流程

土方开挖工艺流程：测量放线→确定开挖顺序→分段均匀开挖→修坡和清底→验收。

2. 操作工艺

（1）基坑（槽）开挖，先进行测量定位，抄平放线，定出开挖宽度，按放线分段挖土，采取两侧直立开挖，以保证施工操作安全。

1）在天然湿度的土中，开挖基槽时，当挖土深度不超过下列数值规定时，可不放坡，不加支撑：

①密实、中密的砂土和碎石类土（填充物为砂土）：1 000 mm。

②硬塑、可塑的黏质粉土及粉质黏土：1 250 mm。

③硬塑、可塑的黏土和碎石类土（填充物为黏性土）：1 500 mm。

④坚硬的黏土：2 000 mm。

2）当土质为天然湿度、构造均匀、水文地质条件良好（既不会发生坍塌、移动、松散或不均匀下沉），且无地下水时，开挖基坑可不必放坡，采取直立开挖不加支护，但挖方深度按表 4-1 规定，基坑宽应稍大于基础宽。如超过表 4-1 规定的深度，但不大于 5 m 时，应根据土质和具体情况进行放坡，以保证不塌方，其最大容许坡度按表 4-2 采用。放坡后基坑上口宽度由基础底面宽度及边坡坡度来决定，坑底宽度每边应比基础宽出 300～500 mm，以便于施工操作。

表 4-1　基坑（槽）和管沟不加支撑的允许深度 m

项次	土的种类	允许深度
1	密实、中密的砂子和碎石类土（填充物为砂土）	1.00
2	硬塑、可塑的粉质黏土及粉土	1.25
3	硬塑、可塑的黏土和碎石类土（填充物为黏土）	1.50
4	坚硬的黏土	2.00

表 4-2　深度在 5 m 内的基槽(管沟)坡的最陡坡度

土的类别	边坡坡度容许值(高:宽)		
	坡顶无荷载	坡顶有静载	坡顶有动载
中密的砂土	1:1.00	1:1.25	1:1.50
中密的碎石类土(填充物为砂土)	1:0.75	1:1.00	1:1.25
硬塑的黏质粉土	1:0.67	1:0.75	1:1.00
中密的碎石类土(填充物为黏性土)	1:0.50	1:0.67	1:0.75
硬塑的粉质黏土、黏土	1:0.33	1:0.50	1:0.50
老黄土	1:0.10	1:0.25	1:0.33
软土(经井点降水后)	1:1.00	—	—

注：①静载是指堆土或材料等，动载是指机械挖土或汽车运输作业等。静载或动载应距离挖方边缘 800 mm 以外，堆土或堆放材料高度不宜超过 1 500 mm。
②当有成熟经验时，可不受本表限制。

(2)在工程施工区域设置测量控制网，包括控制基线、轴线和水平基准点；做好轴线控制测量的校核。控制网应避开建筑物、构筑物、土方机械操作及运输线路，并设有保护标志。

(3)基坑(槽)和管沟开挖，上部应设有排水措施，以防止地面水流入坑内冲刷边坡，造成塌方和破坏基土。

(4)开挖基坑(槽)时，合理确定开挖顺序、路线及开挖深度，然后分段均匀开挖。

(5)在挖方边坡上如发现有软弱土、流砂土层时，或地表面出现裂缝时，应停止开挖，并及时采取相应补救措施，以防止土体崩塌与下滑。

(6)反铲挖土机开挖基坑(槽)时，其施工方法有下列两种：

1)端头挖土法：挖土机从基坑(槽)的端头，以倒退行驶的方法进行开挖。

2)侧向挖土法：挖土机沿着基坑(槽)一侧移动。

(7)反铲挖掘机沿挖方边缘移动时，距离边坡上缘的宽度不得小于基坑(槽)深度的 1/2。

(8)反铲挖土机开挖基坑(槽)时，为防止基底超挖，应在设计标高以上暂留 300 mm 厚的一层土不挖，以便经抄平后由人工清底挖出。

(9)修帮和清底。在距离槽底实际标高 200 mm 槽帮处，抄出水平线，钉上小木橛，然后用人工将暂留土层挖走。同时由两端轴线(中心线)引桩拉通线(用小白线)，检查距离槽边尺寸，确定槽宽标准。以此修整槽边，最后清理槽底土方，在槽底修理铲平后方可进行质量检查验收。

(10)开挖基坑(槽)的土方，应留足回填的好土。将多余土方一次运走，避免二次运输。

三、质量标准

(1)土方开挖前检查定位放线、排水，合理安排运弃土场。

(2)施工过程中检查平面位置、水平标高、压实度、排水，并随时观测周围的环境变化。土方开挖工程质量检验标准应符合表 4-3 的规定。

表 4-3 土方开挖工程质量检验标准 mm

项	序	项目	允许偏差或允许值					检验方法
			桩基、基坑（槽）	挖方场地平整		管沟	地（路）面基层	
				人工	机械			
主控项目	1	标高	−50	±30	±50	−50	−50	水准仪
	2	长度、宽度（由设计中心线向两边量取）	+20 −50	+300 −100	+500 −150	+100	—	经纬仪、用钢卷尺量取
	3	边坡	设计要求					观察或用坡度尺检查
一般项目	1	表面平整度	20	20	50	20	20	用 2 m 靠尺和楔形塞尺检查
	2	基底土性	设计要求					观察或土样分析

四、成品保护

（1）挖运土方时注意保护定位标准桩、轴线引桩、标准水准点，并定期复测检查定位桩和水准基点是否完好。

（2）土方开挖时，须防止临近已有建筑物、管道、管线发生下沉和变形。必要时与设计单位或建设单位协商采取防护措施，并在施工中进行沉降或位移观测。

（3）施工如发现有文物或古墓等，应妥善保护，并及时报请当地有关部门处理后方可继续施工。如发现有测量用的永久性标桩或地质、地震部门设置长期观测点等，应加以保护。在敷设有地上或地下管线、电缆的地段进行土方施工时，应事先取得有关管理部门的书面同意，应在施工中采取措施，以防止破坏管线，造成严重事故。

五、应注意的质量问题

（1）防止基底超挖：开挖基坑不得超过基底标高，如个别地方出现超挖时，其处理方法取得设计单位同意，不得私自处理。

（2）基底保护：基坑开挖后应尽量减少对基土的扰动。如果基础不能及时施工时，可在基底标高以上预留 300 mm 厚的一层土不挖，待做基础时再挖。

（3）合理安排施工顺序：土方开挖的顺序、方法必须与设计情况相一致，并遵循"开槽先撑，先撑后挖，分层开挖，严禁超挖"的原则，宜先从低处进行，分段依次开挖，形成一定坡度，以利于排水。

（4）控制开挖尺寸：基坑底部的开挖宽度，除考虑结构尺寸要求外，根据施工需要增加工作面宽度，如支撑结构所需工作面。

（5）防止地下设施受损：使用反铲挖掘机挖掘，在开工前核查公用地下设施（管线、电缆等）的位置。不允许挖掘机在还要保留的地下设施附近作业。剩余部分，由人工挖掘来完成。

（6）反铲挖掘机在挖掘大的石块等障碍物时，会使机身失掉平衡而翻倒。因此，挖土机在遇到较大的石块、混凝土块、钢渣或其他障碍物时，应采用正确措施处理后，方可继续作业。

📖 **要点说明**

反铲挖掘机的挖土特点是"后退向下，强制切土"，适宜开挖停机面以下的一～三类土。一次开挖深度取决于反铲挖掘机的最大挖掘深度。

任务三　土方开挖安全技术交底

（1）进入作业现场必须按规定正确佩戴安全防护用品。

（2）工具使用需传递时，不允许采用扔抛的方法，不准在作业区域内追逐、打闹。

（3）施工前，对施工区域内存在的管线、树根等影响施工的障碍物应进行拆除或迁移，并在施工前妥善处理。

（4）上下基坑走木梯，严禁踩踏土壁。

（5）配合挖掘机的清坡、清底人员，两人操作间距离应保持 2 m 以上，严禁进入铲斗回转半径范围。

（6）严禁在坑壁下存放工具及休息。

（7）开挖出的土方，不准就近堆于基坑边侧，堆土应距离挖方边缘 2 m 以外，以保证坑壁的稳定。

（8）服从实习实训指导教师及小组安全员指挥。

任务四　土方开挖

（1）挖土体积计算：$V = 6.85 \times 7.35 \times 0.55 = 27.69 (\text{m}^3)$。

（2）按撒好的白灰控制线从一角端部开挖基槽，边挖边用水准仪检测开挖标高，不得超挖。如基础较深，为了控制基槽开挖深度，当快挖到基底设计标高时，可用水准仪根据地面上±0.000 m 点在槽壁上测设一些水平小木桩，使木桩表面距离槽底的设计标高为 0.500 m，用以控制挖槽深度。为了施工使用方便，一般在槽壁各拐角处、深度变化处和基槽壁上每隔 3～4 m 测设一水平小木桩，并沿桩顶面拉直线绳作为清理基底和施工基础垫层时控制标高的依据，如图 4-3 所示。

（3）边挖边将土放置在基槽边 2 000 mm 以外。挖掘机开挖完毕后，人工开挖预留的基底土方。修理边坡，保证边坡到位。严格检测基础开挖深度及外边尺寸，必须达到设计要求。经检测合格后，将基槽多余的土清理干净。一般在基槽边做土挡水坝，如图 4-4 所示，防止雨水流入基槽内。

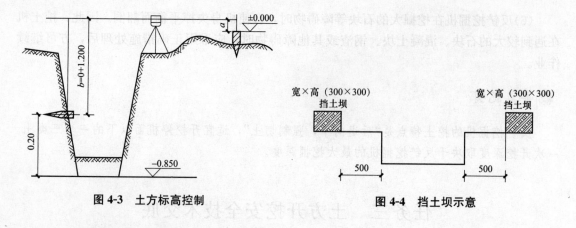

图 4-3　土方标高控制　　　　　　　　图 4-4　挡土坝示意

（4）基槽验线记录范例见表 4-4。

表 4-4　基槽验线记录

工程名称	实训办公楼 1#		日期	×年×月×日

验线依据及内容：
依据：1）定位控制桩。
　　　2）建设单位给定的高程控制水准点。
　　　3）基础平面、剖面图。
内容：校准基底外轮廓线、控制轴线、检查基底标高

基槽平面、剖面简图如下：

JC-1　　　　JC-2

检查意见：
基底外轮廓线，基础控制轴线，最大偏差为＋5 mm，符合规范要求。
标高最大偏差为＋7 mm，符合规范要求

签字栏	监理（建设）单位	施工测量单位		
	监理工程师（监理单位代表）	专业技术负责人	专业质检员	施测人
	××	××	××	××

(5)地基静载试验。

1)地基是指建筑物下方的承受建筑物荷载并维持建筑物稳定的岩土体，保证建筑物的安全和正常使用，充分发挥地基的承载能力。

2)地基检测方法：承载力与变形指标常用静载试验检测，均匀性与密实程度检测常用静力触探、动力触探和标准贯入三种方法检测。

3)试验方法：平板载荷试验适用于浅层地基、深层地基或大直径人工挖孔桩的桩端土层测试。试验的加载方式一般采用分级维持荷载沉降相对稳定法(慢速法)和沉降非稳定法(快速法)，以慢速法为主。

4)地基静载试验一般由建设单位委托有资质的专业检测机构进行，所发生的费用由建设单位承担。

5)地基静载试验示意图如图4-5所示。

6)地基静载检测报告，见表4-5。

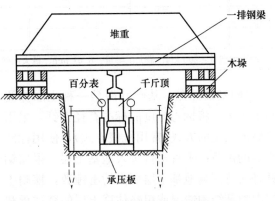

图 4-5 地基静载试验示意

表 4-5 静载检测报告

静载检测报告
浅层平板

报告编号：JZ201500362—2G

工程名称： 实训办公楼1#
工程地点： 实习实训基础
委托单位： ××实习实训小组
试验日期： ×年×月×日至×年×月×日
报告日期： ×年×月×日

喀喇沁旗建设工程质量检测中心

浅层平板静载荷试验数据汇总表　　　　第　页共　页

工程名称	实训办公楼1#			试坑编号	1#
承压板边长	500	试坑深度/m	0.55	测试日期	×年×月×日至×年×月×日
级数	荷载/kN	本级沉降/mm	累计沉降/mm	本级时间/min	累计时间/min
1	25	0.61	0.61	150	150
2	50	0.75	1.36	150	300
3	75	0.80	2.16	150	450
4	100	0.72	2.88	150	600
5	125	0.68	3.56	240	840
6	150	1.70	5.26	510	1 350
7	175	−0.03	5.23	150	1 500

级数	荷载/kN	本级沉降/mm	累计沉降/mm	本级时间/min	累计时间/min
8	200	3.38	8.61	150	1 650
			以下空白		
最大加载量：200 kN；最大沉降量：8.61 mm；最大回弹量：0.00 mm；回弹率：0.00%					

（6）基础钎探。基础钎探是一种土层探测施工工艺，将标志刻度的标准直径钢钎，采用机械或人工的方式（常用机械方式），使用标定质量的击锤，垂直击打进入地基土层，根据钢钎进入待探测地基土层所需的击锤数，探测土层内隐蔽结构情况或粗略估算土层的容许承载力。岩层成分三级以上不需要钎探。

1）根据设计图纸绘制钎探孔位平面布置图，按钎探孔位平面布置图放线并撒放白灰点做好标记，并编注顺序号码。

2）独立柱基础钎探孔的排列方式一般采用四个角点加一个中心点，如图4-6所示。

3）打完的钎孔，经过检查与记录无误后，即进行灌砂。灌砂时每填入300 mm左右，可用钢筋捣实一次。

4）整理记录：按钎孔顺序编号、填表。

钎探记录表范例见表4-6。

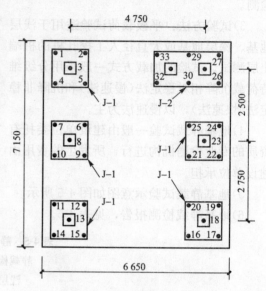

图4-6　基础钎探位置示意

表4-6　钎探记录表（范例）

工程名称：实训办公楼1#　　　　施工单位：××班级××小组　　　　锤质量：5 kg

落距：50 cm　　　　　　　　探杆直径：33 mm　　　　　　　　探头直径：22 mm

序号	记录日期	每300 mm锤击次数							累计锤击次数	软弱夹层	备注
		1	2	3	4	5	6	7			
1	×年×月×日	21	53	67	96	126	135	165	663	无	
2	×年×月×日	32	43	68	88	112	126	156	625	无	
3	×年×月×日	23	59	68	95	109	136	175	665	无	
4	×年×月×日	29	55	71	98	111	154	168	686	无	
5	×年×月×日	22	52	70	86	115	125	159	629	无	
6	×年×月×日	21	59	65	95	125	130	160	655	无	
7	×年×月×日	24	53	60	86	112	125	158	618	无	
8	×年×月×日	27	53	55	98	111	123	178	645	无	
9	×年×月×日	25	44	86	102	106	128	150	641	无	

序号	记录日期	每300 mm锤击次数							累计锤击次数	软弱夹层	备注
		1	2	3	4	5	6	7			
10	×年×月×日	22	59	78	86	123	156	184	708	无	
11	×年×月×日	21	58	75	89	96	133	168	640	无	
12	×年×月×日	20	47	75	93	123	125	175	658	无	
13	×年×月×日	27	43	73	92	121	135	192	683	无	
14	×年×月×日	27	45	84	95	114	140	178	683	无	
15	×年×月×日	24	47	84	110	102	128	188	683	无	
16	×年×月×日	34	57	79	103	111	139	163	686	无	
17	×年×月×日	24	57	67	86	140	152	195	721	无	
18	×年×月×日	29	41	80	96	114	122	186	668	无	

注：1. 本表只做18个点，其余点未填写。

2. 如发现任何一个钎探点任何一段的锤击数量突然下降就说明此处土质有问题，发现问题后，一定仔细查明有问题处的深度及范围，做好记录，通知负责此工程的地质勘察单位和设计单位，由设计单位提出处理意见和施工做法。

监理单位：××	单位技术负责人：××	质检员：××	资料员：××

(7)地基验槽。地基验槽由建设单位组织建设单位、勘察单位、设计单位、施工单位、监理单位的项目负责人或技术质量负责人，共同检查验收。其包括地基是否满足设计、规范等有关要求，是否与地质勘察报告中土质情况相符，基槽尺寸及轴线是否合格等。

(8)地基验槽记录。地基验槽记录见表4-7。

表4-7 地基验槽记录

工程名称	实训办公楼1#	验槽日期	×年×月×日
验槽部位	基础		

依据：施工图纸(施工图结施-03)、地质报告(工程编号×××)
设计变更/洽商(编号×××)及有关规范、规程

验槽内容：

1. 地基基础层为圆砾层。

2. 承载力特征值为160 kPa。

3. 钎探情况(附钎探记录)

施工单位检查意见：

1. 地基基础层为圆砾层。

2. 土层均匀，其承载力特征值为160 kPa。

3. 基槽开挖尺寸符合设计要求。

4. 经钎探1.5 m深未发现异常情况(附钎探记录)。

5. 基槽地质与地质勘察报告相吻合

项目经理：××	施工员：××	公章
单位工程技术负责人：××	质检员：××	×年×月×日

工程名称	实训办公楼1#		验槽日期	×年×月×日
设计单位意见：与图纸设计相同				
		结构工程师：××	公章	×年×月×日
勘察单位意见：基础实际土层与图纸设计一致				
		岩土工程师：××	公章	×年×月×日
监理单位意见：与图纸设计一致，可以进行下道工序的施工				
土建监理工程师：××		总监理工程师：××	公章	×年×月×日

(9)基底夯实。

1)基底夯实面积：$S=6.85×7.35=50.35(m^2)$。

2)压实法：利用机械自重或辅以振动产生的能量对地基进行压实，包括碾压和振动碾压。

3)夯实法：利用机械落锤产生的能量对地基进行夯实使其密实，提高土的强度和减少压缩量。其包括重锤夯实和强夯。

4)当夯击对邻近建筑物有影响，或地下水水位高于有效夯实深度时，不宜采用重锤夯实。

5)素土夯实工程检验批质量验收记录范例见表4-8。

表4-8　素土夯实工程检验批质量验收记录表(GB 50202—2002)

单位工程名称		实训办公楼1#		
分部工程名称	地基处理		验收部位	地基
施工单位	××班级××小组		项目经理	××
施工执行标准名称及编号				
施工质量验收规范的规定			施工单位检查评定记录	监理(建设)单位验收记录
检查项目		质量要求		
1	长度、宽度	设计要求	符合要求	
2	表面平整度	设计要求	符合规范	
3	横断面	设计要求	合格	合格
4	纵断面	设计要求	合格	
5	土体密实度	设计要求	符合要求	
6	回填土料	设计要求	符合要求	
施工单位检查评定结果	专业工长(施工员)		××	施工组长	××
	主控项目合格，一般项目符合设计要求			
	项目专业质量检查员：××			×年×月×日
监理(建设)单位验收结论	验收合格			
	专业监理工程师：××			
	(建设单位项目专业技术负责人)：			×年×月×日

(10)基础回填土基础垫层。基础回填土基础垫层、基础、地梁施工完毕，强度达到要求后，进行基础回填土。

要点说明

(1)检验中涉及的"五方责任主体"分别是施工单位、设计单位、监理单位、建设单位、质量监督部门。

(2)在检验批质量验收记录中，施工执行标准名称及编号一栏的内容为企业标准，所以企业必须制定企业标准(操作工艺、工艺标准、工法等)，来进行培训工人、技术交底、规范工人班组的操作。

任务五　土方回填技术交底

一、施工准备

1. 技术准备

(1)土方回填前应根据工程特点、填方土料种类、密实度要求、施工条件等编制人工回填土方案并经审批。通过试验确定土料含水量控制范围、虚铺厚度、夯实遍数等参数。

(2)根据分层回填厚度测放出回填标高控制线，以控制回填土的标高或厚度。

2. 材料准备

(1)土料应优先利用基坑中挖出的土，但不得含有机杂质。使用前过筛，其粒径不得大于50 mm，其最大粒径不得超过每层铺填厚度的2/3，含水率应符合相关规定。

(2)碎石类土可用做表层以下的填料。含水量应符合压实要求的黏性土，可用作各层填料。淤泥和淤泥质土一般不能用作填料。

3. 机具准备

蛙式打夯机、手推车、铁锹(平头、尖头)、筛子(孔径为 40~60 mm)、钢卷尺、20♯铅丝、胶皮管等。

4. 作业条件

(1)土方回填前应验收基底标高，并采取措施，防止地表滞水流入填方区，浸泡地基，造成基土下陷。

(2)填方和压实前，应对基底标高、基础进行检查验收，并做好隐蔽工程验收。

注：隐蔽工程验收是指在施工过程中，对将被下一道工序所封闭的分部、分项工程进行检查验收。

1)验收时间：提前一天报验。

2)验收程序：隐蔽工程在下一道工序开工前必须进行验收，按照《隐蔽工程验收控制程序》办理。

3)验收程序的内容如下：

①基坑、基槽验收。

②基础回填验收。

③混凝土的钢筋隐蔽验收。

④混凝土结构上预埋管、预埋铁件、水电线管的隐蔽验收。

⑤混凝土结构及砌体工程装饰前隐蔽验收。

4)隐蔽工程验收记录范例见表4-9。

表4-9　隐蔽工程检查验收记录(范例)

工程名称	部位	建设单位	监理单位	施工单位
实训办公楼1#	基础	××学校××专业组	学校考试考核办公室	××班级××小组

隐蔽工程部位	单位	施工单位全数检查情况	说明
基槽成型尺寸	mm	6 850 mm×7 350 mm	
基底标高	m	−0.80	
持力层情况		圆砾	

试验单号			

说明:

1. 依据结施1进行施工。

2. 本工程为独立基础,采用机械挖土,挖至未扰动的圆砾层,并预留300 mm用人工开挖。

3. 基础持力层为圆砾层,设计地基承载力特征值:$f_{ak}=160$ kPa,地勘报告承载力为$f_{ak}=160$ kPa。

4. 基槽成型尺寸、基底标高、表面平整度等偏差值均在规范允许范围内。

5. 槽底标高为−0.80 m,基底扰动层清理干净,符合设计及验收规范要求。

6. 经钎探2.1 m深,无异常(详钎探记录)

检查验收意见			
符合设计及规范要求 施工单位检查人:××	经检查,符合设计及规范要求,同意隐蔽 监理单位检查人:×× (建设单位)		

单位工程技术负责人	××	项目经理	××	施工员	××	总监理工程师	××

注:经验收合格后,才能进行下一道工序的施工。

(3)房心的回填,在完成上下水管道的安装或墙间加固后再进行。

(4)施工前,做好水平高程标志的设置,在地坪上钉上控制木桩。

(5)在临近固定的建筑物墙体或柱体抄上标准高程点。

二、施工工艺

1. 工艺流程

土方回填工艺流程:基底清理→检验土质→分层铺土→分层碾压→检验密实度→修整找平→验收。

2. 操作工艺

(1)基底清理。填土前清除基底垃圾、树根等杂物,验收基底标高。

(2)检验土质。验收回填土料的种类、粒径、有无杂物,是否符合规定,以及各种土料的含水率是否在控制范围内。如含水率偏高可采用翻松、晾晒等措施。如含水率偏低,可采用预先洒水润湿等措施。

(3)分层铺土。填方每层铺土厚度根据土质、压实的密实要求和压实机械性能确定,或按表4-10选用。碾压时,夯迹应相互搭接,防止漏夯。

表 4-10　填土分层铺土厚度和压实遍数

压实机具	每层铺土厚度/mm	每层压实遍数
平碾	250～300	6～8
振动压实机	250～350	3～4
柴油打夯机	200～250	3～4
人工打夯	＜200	3～4

(4)回填土每层压实后，按规范规定进行环刀取样，测出土的最大干密度，达到要求后再铺上一层土。

(5)回填房心时，为防止管中心线位移或损坏管道，用人工先在管子两侧填土夯实；并由管道两边同时进行，直至管顶 0.5 m 以上时，在不损坏管道的情况下，方可采用蛙式打夯机夯实。在抹带接口处、防腐绝缘层或电缆周围，回填细粒料。

(6)填方全部完成后，表面应进行拉线找平，凡高于规定高程的地方，及时依线铲平；凡低于规定高程的地方应补土夯实。

(7)压实排水要求。

1)已填好的土如遭水浸，应把稀泥铲除后，方能进行下一道工序。

2)填土区应保持一定横坡，或中间稍高，两边稍低，以利于排水。当天填土，应在当天压实。

(8)基坑回填土应连续进行，尽快完成。

三、质量标准

(1)土方回填前清除基底的垃圾、树根等杂物，验收基底标高。

(2)对填方土料按设计要求验收后方可填入。

(3)填方施工过程中检查排水措施、每层填筑厚度、含水量控制、压实程度。填筑厚度及压实遍数根据土质、压实系数及所用机具确定。

(4)填方施工结束后，检查标高、边坡坡度、压实程度等，检验标准符合表 4-11 的规定。

表 4-11　填土工程质量检验标准　　　　　　　　　　　　mm

项	序	项目	允许偏差或允许值					检验方法
			桩基基坑基槽	场地平整		管沟	地(路)面基层	
				人工	机械			
主控项目	1	标高	−50	±30	±50	−50	−50	水准仪
	2	分层压实系数	设计要求					按规定方法
一般项目	1	回填土料	设计要求					取样检查或直观鉴别
	2	分层厚度及含水量	设计要求					水准仪及抽样检查
	3	表面平整度	20	20	30	20	20	用靠尺或水准仪

四、成品保护

(1)施工时应注意保护定位桩、轴线桩和标高桩,防止碰撞下沉或位移。

(2)当基础垫层、基础、地梁的混凝土达到一定强度,不致因填土而受损害时,方可进行回填土作业。

(3)将已完成的填土表面压实。

五、应注意的质量问题

(1)填土方分层填土压实,最好采用同类土,不得将各种土混杂在一起填筑。

(2)按要求测定土的最大干密度,回填土每层都应测定压实后的最大干密度,检查其密实度,符合设计要求后才能铺摊上层土,未达到设计要求部位应有处理方法和复验结果。

(3)基坑回填应分层对称,防止造成一侧压力,出现不平衡,破坏基础。

(4)要防止回填土下沉,注意解决虚铺土超厚、漏压或未压够遍数,基坑底有机物、泥土等杂物清理不彻底等问题。在施工中应认真执行规范规定,检查发现问题后,及时纠正。

(5)回填土应夯压密实,回填施工前,清除填方内的积水,如遇软土、淤泥,必须进行换土回填。在夯压前对干土适当洒水加以润湿。对湿土造成的"橡皮土"要挖出换土重填。

(6)回填基坑为防止基础在土压力作用下产生偏移或形变,应从四周和两侧均匀地分层进行。

(7)填方应按设计要求预留沉降量,如设计无要求时,可根据工程性质、填方高度、填料种类、密实要求和地基情况等与建设单位共同确定。

(8)土方回填工程检验批质量验收记录表范例见表4-12。

表4-12 土方回填工程检验批质量验收记录(范例)
(GB 50202—2002)

单位(子单位)工程名称					实训办公楼1#		
分部(子分部)工程名称					地基与基础分部工程	验收部位	基础
施工单位					××班级××小组	项目经理	××
分包单位						分包项目经理	××
施工执行标准名称及编号							
施工质量验收规范的规定						施工单位检查评定记录	监理(建设)单位验收记录
检查项目		允许偏差或允许值/mm					
		桩基基坑基槽	场地平整		管沟	地(路)面基层	
			人工	机械			
主控项目	1 标高	−50	±30	±50	−50	−50	16、20、22、24、28、23、10、11、13.15、18、14	合格
	2 分层压实系数	设计要求					符合设计要求	

单位(子单位)工程名称						实训办公楼 1#		
一般项目	1	回填土料	设计要求				✓	合格
	2	分层厚度及含水量	设计要求				✓	
	3	表面平整度	20	20	30	20	20	10、11、14、15、8、11、16、12、11、10
施工单位检查评定结果		专业工长(施工员)		××		施工班组长		××
		检查评定为合格						
		项目专业质量检查员：××						×年×月×日
监理(建设)单位验收结论		验收合格						
		专业监理工程师：××						
		(建设单位项目专业技术负责人)：						×年×月×日

要点说明

影响填土压实质量的因素很多，其中主要有土的含水量、压实程度和铺土厚度，其次还和土料的种类、土料的颗粒级配有关。

任务六 人工回填土安全技术交底

(1)进入作业现场必须按规定正确佩戴安全防护用品。

(2)电动夯实机必须由学校电工接装电源、闸箱，检查线路、接头、零线及绝缘情况，并经试夯确认安全后方可作业。作业完毕后由学校电工拆动。

(3)夯实过程中须两人操作，一人扶夯，另一人牵线。

(4)牵线人员必须在夯实机后面或侧面随机牵线，不得强力拉扯电线，电线绞缠时必须停止操作，严禁夯实机砸线、在夯实机运行时隔夯扔线。

(5)移动夯机、转向或倒线有困难，清理夯盘内土块、杂物时必须停机、切断电源。

(6)夯机手把上的开关按钮必须灵敏可靠，手把缠裹绝缘胶布。

(7)作业完毕后应拉闸断电，盘好电线，放回库房。

(8)在回填基坑过程中，在基坑两侧分层对称回填，两侧高差应符合相关规定。

(9)服从实习实训指导教师及小组安全员指挥。

任务七 工程量计算

V＝挖土体积－设计室外地坪以下埋设的垫层、基础、部分柱体积

$$V＝27.69－0.75－3.38－0.04＝23.52(m^3)$$

任务八 检测试验（环刀法）

一般为回填土的第一层质量检测部门必检，以上2层中必检其中1层。施工单位在施工时，应每层都进行检测。

（1）按质量检测部门试验室人员所确定的取样处，用平铲铲除表层，铲土深度为每层自上表面以下1/3处（在2/3处的取样，环刀可能深入下层），铲后的土表面应平整无浮土。

（2）在环刀内壁涂一层薄薄的凡士林。

（3）将环刀刀口向下，放在铲平的土表面上，放上环盖，用锤打击环盖手柄，打至环刀上口深入土内且不接触环盖内表面为宜。在取样过程中，环刀下口与土表面保持垂直。

（4）将环刀和环盖一同挖出，轻轻取下环盖，用削土刀削去环刀两端的余土，修平、称重。

（5）送到质量检测部门试验室进行检测。

（6）土工现场干密度检测报告范例见表4-13。

表 4-13 ××建设工程质量监督检测试验中心土工现场干密度检测报告(范例)

试验编号：TM150400035　　　　　　　　　　　　　　报告编号：TM201500051

工程名称	实训办公楼1#		合同编号		150103	
委托单位	××班级××小组		委托日期		×年×月×日	
建设单位	××学校××专业组		试验日期		×年×月×日	
施工单位	××班级××小组		报告日期		×年×月×日	
见证单位	学校考试考核办公室		见证人		××	
土样部位	基础回填		见证证号		201004488	
土样种类	素土		检测性质		见证取样	
土样标高	−0.30 m		试验方法		环刀法	
序号	取样位置		湿密度/(g·cm⁻³)	平均含水量/%	干密度/(g·cm⁻³)	平均干密度/(g·cm⁻³)	压实度/%
1#	①轴～①/B轴		1.99	12.6	1.77	1.76	96
			1.98	12.6	1.76		
2#	②轴～A轴		1.99	12.7	1.77	1.76	96
			1.98	12.8	1.76		
	以下空白						
检测点数	2	最大干密度/(g·cm⁻³)	1.84	设计压实度/%	95	合格率/%	100.0
方案布置人	××			代表面积/m²		50.35	
检测方法	《土工试验方法标准》(GB/T 50123—1999)						
检测依据	《土工试验方法标准》(GB/T 50123—1999)						

工程名称	实训办公楼1#	合同编号		150103

声明	说明
1. 报告及复印件无检测单位红章无效、涂改无效。 2. 报告无检测、审核、批准人签名无效。 3. 本报告未使用专用防伪纸无效。 4. 对检测报告有异议,应在15日之内向本单位提出	1. 检测环境:无下雨、无受冻 2. 主要设备编号:天平S1.2－73,环刀S1.2－64 3. 客户委托单编号:TM201500047

备注	—

检测单位盖章: 批准:××   审核:××   检测:××

检测单位地址:××××

联系电话:××××

要点说明

检测点数合格率均为100%,定为合格。

任务九　余土外运

预留一层的房心回填土用量,余土运至指定地点。

$$V=27.69-23.52-2.03=2.14(\text{m}^3)$$

注:基础回填完毕,根据施工顺序,需做地梁垫层。

1. 地梁垫层做法

地梁下铺300 mm宽、50 mm厚炉渣,上抹1:3水泥砂浆厚度为20 mm。

2. 地梁垫层图示

地梁垫层示意图如图4-7所示。

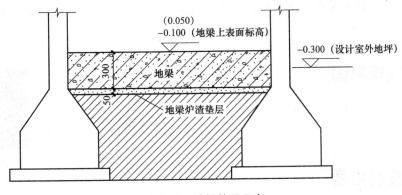

图4-7　地梁垫层示意

3. 材料

(1)炉渣:炉渣内不应含有杂质和未燃尽的煤块,粒径不大于25 mm,粒径在5 mm及以下的体积不得超过总体积的40%。

(2)水泥：普通硅酸盐水泥，强度等级为 42.5。

(3)砂：中砂。

4. 工艺流程

地梁垫层工艺流程：测量放线→地梁开挖→基层处理→炉渣过筛与水闷→铺炉渣→刮平、滚压→抹水泥砂浆→弹线→验收。

5. 操作工艺

(1)测量放线：根据中心桩测放出地梁轴线，做好标记，然后以轴线两侧各 150 mm 范围撒白灰控制线，并做出标高控制点。

(2)地梁开挖：由于土方量较小，且挖土深度较浅，所以采用人工开挖。开挖深度 $H=0.15$ m(0.20 m)。

(3)基层处理：对基层进行夯实，并验收合格。

(4)炉渣过筛与水闷：炉渣在使用前必须经过两遍筛，第二遍筛用小孔径筛，筛孔孔径为 5 mm。使用前浇水闷透，浇水闷透时间不应小于 5 d。

(5)铺炉渣：根据标高控制点，铺设炉渣。

(6)刮平、滚压：以标高控制点为准，使用碌子碾压，并随时用靠尺检查平整度，高出部分铲除，凹处补平，对碌子碾压不到的地方，使用木板拍打密实。

(7)抹水泥砂浆，将配比好的水泥砂浆进行铺抹，并用木抹子找平。

(8)弹线：待水泥砂浆能上人后，用墨斗弹出地梁轴线及外边线。

6. 材料用量

(1)炉渣：

$$V=[(4.75-0.125\times2)+(2.75-0.125\times2)]\times2\times0.30\times0.05=0.21(m^3)$$

(2)1：3 水泥砂浆 $S=(4.50+2.50)\times2\times0.30=4.20(m^2)$。

(3)水泥：47.08 kg；砂：0.01 m^3；炉渣：0.26 m^3。

要点说明

炉渣上抹水泥砂浆的作用有两个，一个是找平，另一个是作为地梁钢筋的保护层。

环刀容积计算公式是什么？

参考答案

本工程如挖土深度为 2.00 m，计算挖土体积。

模块五 基础放线

技能要点

1. 垫层位置的确定。
2. 垫层施工。
3. 基础及柱位置的确定。

技能目标

1. 垫层位置的测设。
2. 垫层各工序的施工。
3. 基础及柱位置的测设。

任务一 测设垫层位置

首先，用经纬仪架设在之前做好的中心桩上，引出轴线投至基槽底，砸小木桩固定。然后，将经纬仪移到另一侧，以同样的方法测量出轴线，做好两条交叉的轴线，砸小木桩固定，标记好轴线名称，如图 5-1 所示，根据图纸要求作出垫层边线位置，撒白灰控制线，如图 5-2 所示。

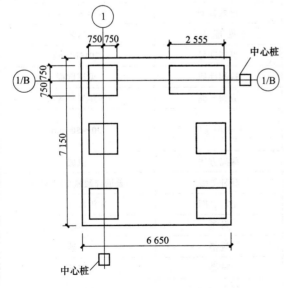

图 5-1 垫层位置图

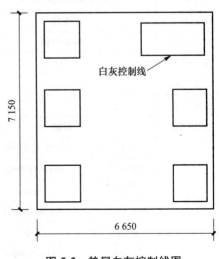

图 5-2 垫层白灰控制线图

注：浅基础可采用在龙门水平钢管上的轴线标记拉十字线绳，用垂球向下垂吊的方法。

📖 **要点说明**

基础垫层是基础与地基土的中间层，作用是使其表面平整便于在上面绑扎钢筋，也起到保护基础的作用。

任务二　垫层施工

1. 配合比计算

(1)混凝土种类：自拌普通混凝土。混凝土强度等级为C15。

(2)混凝土材料：

1)水泥：普通硅酸盐水泥，强度等级为42.5。

2)砂：中砂。

3)粗集料：碎石，粒径为5～31.5 mm。

4)水：采用饮用水。

5)拌合物：无。

(3)试验室配合比报告单范例见表5-1。

表5-1　混凝土配合比设计试验报告(范例)

试验编号：HP150500001　　　　　　　　　　　　　　　　报告编号：HP201500002

工程名称	实训办公楼1#		合同编号	150034
委托单位	××班级××小组		委托日期	×年×月×日
建设单位	××学校××专业组		试验日期	×年×月×日—×年×月×日
施工单位	××班级××小组		报告日期	×年×月×日
见证单位	学校考试考核办公室		见证人	××
施工部位	垫层		见证证号	201501364
养护条件	标准养护		检测性质	见证取样
设计强度	C15		成型日期	×年×月×日
抗渗等级	—		要求坍落度	30～50 mm
抗冻等级	—			
搅拌方法	机械		振捣方法	机械
水泥	厂家	××水泥有限公司	品种等级	普通硅酸盐水泥42.5
	报告编号	SW201500026	出厂日期	×年×月×日
砂子	产地	龙山	种类	河砂
	报告编号	SA201500035	规格	中砂
石子	产地	龙山	种类	碎石
	报告编号	SI201500003	规格/mm	5～31.5

工程名称		实训办公楼1#		合同编号		150034	
外掺种数		报告编号	厂家		名称		种类
外加剂	1	—	—		—		—
	2	—	—		—		—
	3	—	—		—		—
掺合料	1	—	—		—		—
	2	—	—		—		—
	3	—	—		—		—

混凝土配合比情况	砂率 %	水胶比	1 m³ 混凝土材料用量/kg							
			水泥	砂子	石子	水	外加剂1	外加剂2	掺合料1	掺合料2
每立方米配合比	31	0.41	246	767	1 199	100	—	—	—	—
配合比			1	3.12	4.87	0.71				

混凝土配合比试验结果				
稠度/mm	7 d抗压强度/MPa	28 d抗压强度/MPa	抗渗等级	抗冻等级
35	23.1	31.7	—	—
检测依据	《普通混凝土配合比设计规程》(JGJ 55—2011)			

声明	说明
1. 报告及复印件无检测单位红章无效、涂改无效。 2. 报告无检测、审核、批准人签字无效。 3. 本报告未使用专用防伪纸无效。 4. 对检测报告若有异议,应在15日之内向本单位提出	1. 本配合比是指材料干燥状态下的配合比,施工部门根据现场砂、石含水量,调整施工配合比。 2. 检测环境:符合标准要求 3. 样品状态:级配合理、无杂物 4. 异常情况:无 5. 设备编号:SI.1—15SI.1—27 6. 客户委托单编号:SP20500002

备注	

检测盖章:批准:×× 　　　审核:×× 　　　检测:××

检测单位地址:××××

联系电话:××××

(4)经测试:砂含水率为3%,石子含水率为1%,实际施工用配合比如下:

1)水泥:246 kg。

2)砂:$767\times(1+3\%)=790.01(kg)$。

3)石子:$1\ 199\times(1+1\%)=1\ 210.99(kg)$。

4)水:$100-[(790.01-767)+(1\ 210.99-1\ 199)]=65.00(kg)$。

5)施工用配合比如下:

$$\begin{array}{cccc} 水泥 & 砂 & 石子 & 水 \\ 246\ kg & 790.01\ kg & 1\ 210.99\ kg & 65.00\ kg \\ 1 & 3.21 & 4.92 & 0.26 \end{array}$$

2. 垫层混凝土体积计算

(1)J-1:$V=1.50\times1.50\times0.05\times5=0.56(m^3)$。

(2)J-2：$V = 2.555 \times 1.5 \times 0.05 = 0.19(\text{m}^3)$。

垫层混凝土体积 $V = 0.56 + 0.19 = 0.75(\text{m}^3)$。

3. 垫层混凝土材料用量

(1)水泥：184.50 kg。

(2)砂：592.5 kg。

(3)石子：908.24 kg。

4. 支模

(1)垫层：垫层厚度为 50 mm，共分为两种型号。即：1.5×1.5 m，5 个；2.555×1.5 m，1 个。垫层模板示意如图 5-3 所示。

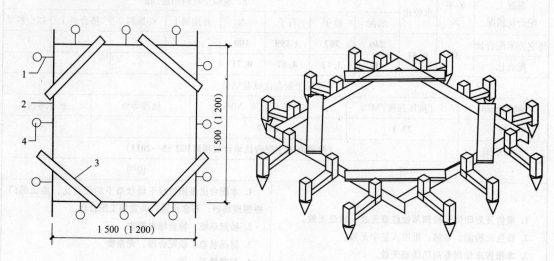

图 5-3　垫层模板示意

1—木桩或 ±16 以上钢筋；2—50 mm 高模板；3—10 mm 厚拉板；4—立位钢筋(或木楔)

(2)垫层模板做法：

1)选用顺直的 50 mm 宽木方，长度为图示尺寸，长边比图示尺寸大 200 mm，短边与图示尺寸相同，每个独立基础四块，每块模板有一面刨光，刨光面积不小于 50%。

2)模板安装：

用已锯好的四块木方，按轴线量出垫层尺寸，将四块木方按量好的尺寸支护，外侧用 ±16 以上钢筋(或木楔)固定，确定好垫层模板后，检测模板是否符合图示尺寸。

(3)质量标准：

1)轴线位移：±2 mm；四边：+5 mm，−2 mm；平整：±2 mm。

2)检测方法：

①用 5 m 钢尺拉对角，确定模板是否方正。

②用盒尺量四周尺寸是否符合图示尺寸。

③用水准仪测量模板标高。

④用坚固螺栓将模板固定，并在四角对拉确保模板在混凝土浇筑时不变形、位移。

(4)模板拆除：待混凝土强度达到设计强度的 50% 以上时，即可拆除。

5. 混凝土浇筑

（略）

6. 垫层模板工程量计算

J-1 垫层(5 个)：$(1.50+1.50) \times 2 \times 0.05 \times 5 = 1.50(m^2)$。

J-2 垫层(1 个)：$(1.50+2.555) \times 2 \times 0.05 \times 1 = 0.41(m^2)$。

垫层模板合计：$S = 1.50 + 0.41 = 1.91(m^2)$。

任务三　测设基础及独立柱位置

基础垫层施工完毕之后，从中心桩引出轴线投至垫层上，①轴与Ⓐ轴的交点为基础和柱的中点，如图 5-4 所示。按图纸设计测出基础及柱的外形尺寸，用墨线弹出基础及柱的边线，以此类推，并进行复核，如图 5-5 所示。

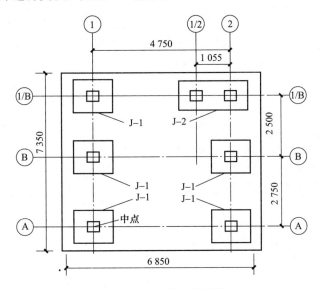

图 5-4　独立基础位置线

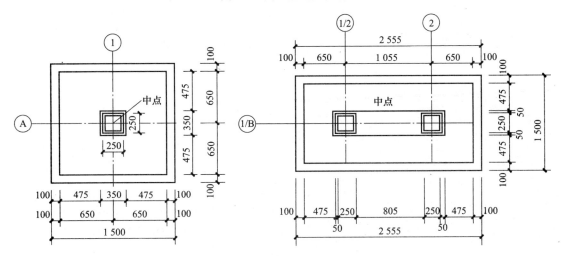

图 5-5　垫层直线轴网图

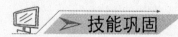

要点说明

基础及独立柱位置正确，是基础及独立柱施工质量的基本条件。

技能巩固

基础按构造形式分为哪几类？

参考答案

技能拓展

查找规范中关于垫层厚度及混凝土强度的要求。

模块六 钢筋工程

技能要点

1. 钢筋工程技术。
2. 钢筋工程量计算。
3. 钢筋工程质量验收。

技能目标

1. 各种混凝土构件钢筋的加工。
2. 各种混凝土构件钢筋的安装。
3. 根据规范内容对钢筋的加工、安装进行检测。

混凝土结构工程包括钢筋工程、模板工程和混凝土工程。

(1)钢筋工程是指钢筋混凝土和预应力钢筋混凝土用钢材的总称。

(2)模板工程是指混凝土成型的模板以及支撑模板一整套构造体系。其中接触混凝土并控制预定尺寸、形状、位置的构造部分称为模板，支持和固定模板的杆件、桁架、联结件、金属附件等构成支撑体系。模板工程在混凝土施工中是一种临时结构。

(3)混凝土工程是指按设计要求将钢筋和混凝土两种材料，利用模板浇制而成的各种形状和大小构件或结构。混凝土是水泥、粗集料、细集料、水和外加剂按一定比例拌和而成的混合物。其是经硬化后而形成的一种人造石，可分为商品混凝土和自拌混凝土两种。

本模块首先介绍钢筋工程施工与验收，模板工程和混凝土工程将在模块七、模块八中进行介绍。

任务一 钢筋工程技术交底

一、施工准备

1. 技术准备

(1)熟悉施工图纸及图纸会审记录、设计变更。编制钢筋工程施工方案，并经审批。

(2)按照设计和相关规范要求列出本工程的钢筋锚固长度、接头长度、接头百分比及接头错开要求和保护层厚度一览表，各种楼板厚度的马凳一览表，各种柱的钢筋定距框一览表，施工中严格按此执行。

（3）在工程开工正式焊接之前及施工过程中，应对每批进场的钢筋，在现场的条件下进行焊接工艺试验（可焊性）。可焊性试验合格后方可进行焊接的施工。

（4）焊接由外聘专业人员负责。

2. 材料准备

（1）根据设计要求，工程所用钢筋种类、规格必须符合要求，并经检验合格。

（2）钢筋绑扎用的钢丝采用 20#～22#。其中，22# 钢丝只能用于绑扎直径为 12 mm 以下的钢筋。

（3）焊剂的性能应符合《埋弧焊用非合金钢及细晶粒钢实心焊丝、药芯焊丝和焊丝-焊剂组合分类要求》(GB/T 5293—2018)碳素钢埋弧焊用焊剂的规定。焊剂型号为 HJ401，为中锰高硅低氟焊剂。焊剂应存放在干燥的库房内，防止受潮。使用中回收的焊剂，除去熔渣和杂物，并与新焊剂混合均匀后使用。焊剂应有出厂合格证。

（4）成品马凳。

（5）塑料定型垫块。

（6）塑料卡。

3. 机具准备

（1）钢筋绑扎工具包括：铅丝钩、小撬棒、起拱扳子、绑扎架、钢丝刷子、粉笔、石笔、手推车、尺子、墨斗、油漆等。

（2）钢筋电渣压力焊接机具（由外聘专业人员自备）。

自动电渣压力焊设备包括：焊接电源、控制箱、焊接夹具、操作箱、焊接机头等。

（3）直流弧焊机。

4. 作业条件

（1）钢筋进场后检查出厂质量证明、复试报告。并按施工平面图中指定的位置，按规格、使用部位、编号分别在垫木上堆放。

（2）钢筋绑扎前，对有锈蚀的钢筋，应进行除锈后再运至绑扎处。

（3）熟悉图纸，按设计要求放样。下达钢筋加工任务单，检查已加工好的钢筋规格、形状、数量全部正确。

（4）做好抄平放线工作，弹好水平标高线及柱、梁外皮尺寸线。

（5）按设计、规范要求列出本工程柱筋接头锚固一览表（包括错开百分比、错开长度、百分比系数）、保护层厚度一览表及柱定距框一览表，根据弹好的外皮尺寸线，检查下层预留搭接钢筋的位置、接头百分比、错开长度，如不符合要求时，要进行处理。绑扎前，对保护层偏位者按 1∶6 调正伸出的搭接筋，并将锈蚀、砂浆等污垢清除干净。

（6）检查下层伸出搭接筋处的混凝土表面标高（柱顶）在剔除上部浮浆到露石子后（并冲洗干净，不留明水）宜比楼板高 3～5 mm。

（7）模板安装完并办理预检，将模板内杂物清理干净。

（8）按要求搭好脚手架并验收合格。

（9）机具设备应符合使用要求，焊接夹具有足够的刚度，在最大允许荷载下移动灵活，操作方便。焊剂管的直径应与所焊接钢筋直径相适应，不致在焊接过程中烧坏。电压表、时间显示器配备齐全，以便操作者准确掌握各项焊接参数。

（10）电源符合要求。当电源电压下降大于 5% 时，不宜进行焊接。

（11）作业场地应有安全防护措施，制定和执行安全技术措施，加强焊工的劳动保护，防止发生烧伤、触电、火灾、爆炸以及烧坏机器等事故。

（12）对于钢筋焊接部位和电极钳口接触的（150 mm 区段内）钢筋表面必须洁净。

（13）液压油中严禁混入杂质。施工中必须将油箱遮盖好，防止雨水、灰尘混入油箱。在连接拆卸超高压软管时，要保护好其端部，不能粘有灰尘沙土。

二、施工工艺

（1）基础钢筋绑扎。

1）工艺流程如下：弹插筋位置线→运钢筋到使用部位→绑底板及地梁钢筋→设置垫块→放置马凳、插筋定距框→插柱预埋钢筋→验收。

2）操作工艺。

①按图纸标明的钢筋间距，计算出底板实际需用的钢筋根数，靠近底板模板边的那根钢筋距离模板边为 50 mm，在底板上用石笔和墨斗弹出钢筋位置线（包括基础梁钢筋位置线）和柱插筋位置线。

②先铺底板下层钢筋。根据设计和规范要求，决定下层钢筋的哪个方向钢筋在下面，设计无指定时，先铺短向钢筋，再铺长向钢筋。

③根据"七不准绑"的原则对钢筋进行检验，钢筋绑扎时，若单向板靠近外围两行的相交点每点都绑牢，则中间部分的相交点可相隔交错绑牢，但必须保证受力钢筋不产生位移。如采用一面顺扣应交错变换方向，也可采用八字扣，但必须保证钢筋不产生位移。禁止跳扣，避免网片歪斜变形。

④检查底板下层钢筋施工合格后，放置底板混凝土保护层，用塑料定型垫块，垫块厚度等于保护层厚度，垫块间距按每 1 m 左右距离呈梅花形摆放。

⑤底板中的基础梁，采用现场就地绑扎。

⑥将基础梁的架立筋两端放在绑扎架上，画出钢筋间距，套上箍筋，按已画好的位置与底板梁上层钢筋绑扎牢固。穿过基础梁下层纵向钢筋，与箍筋绑牢。

⑦底板钢筋的连接：由于钢筋直径小于 18 mm，采用绑扎连接，搭接长度及接头的位置应符合设计及规范要求。绑扎接头时，在规定搭接长度的任一区段内有接头的受力钢筋截面面积占受力钢筋总面面积百分率，不宜大于 25%，可不考虑接头位置，钢筋搭接长度及搭接位置应符合设计及规范规定。钢筋搭接处用铁丝在搭接处的中心及两端分别绑扎。

⑧由于基础底板及基础梁受力的特殊性，上、下层钢筋断筋位置应符合设计和规范要求。

⑨根据在垫层上弹好的柱插筋位置线和底板上层网上固定的定位框，将柱伸入基础的插筋绑扎牢固，并在主筋上（底板上约为 500 mm）绑一道固定筋，插入基础深度要符合设计和规范锚固长度要求，甩出长度和甩头错开百分比及错开长度应按照设计及规范要求施工，其上端采取措施保证甩筋垂直，不歪斜、倾倒、变位。同时要考虑搭接长度、相邻钢筋错开距离。

⑩钢筋基础板网的弯钩应朝上，不要倒向一边。

⑪独立柱基础为双向弯曲时，钢筋网的长向钢筋应放在短向钢筋的下面。

⑫现浇柱与基础连接用的钢筋下端，用 90°弯钩与基础钢筋进行绑扎，其箍筋比柱的箍筋小一个柱筋直径，以便于连接。插筋的位置采用钢筋架成井字型固定牢固，以免造成柱轴线偏移。

(2)柱钢筋绑扎。

1)工艺流程如下：弹柱外皮位置线、模板外皮控制线→清理柱顶浮浆到全部露石子→清理柱筋污渍→修整底层伸出的柱预留钢筋→将柱子箍筋叠放在预留钢筋上→绑扎(焊接)柱子竖向钢筋→在柱顶绑定距框→在柱子竖向钢筋上标识箍筋间距(可用皮数杆代替)→按标识的间距将箍筋从上到下与柱子竖向钢筋绑扎→验收。

2)操作工艺。

①套柱箍筋：按图纸要求间距，计算好每根柱子箍筋数量(注意抗震加密和绑扎接头加密)，先将箍筋套在下层伸出的搭接筋上，然后立柱子钢筋。在搭接长度内，绑扣不少于3个，绑扣要朝向柱中心。

②画箍筋间距线：在立好的柱子竖向筋上，按图纸要求用粉笔画箍筋间距线，并注意抗震加密、接头加密。

③柱箍筋绑扎。

a. 按已画好的箍筋位置线，将已套好的箍筋往上移动，由上而下绑扎，采用缠扣绑扎。

b. 箍筋与主筋要垂直和密贴，箍筋转角处与主筋角点均要绑扎，主筋与箍筋非转角部分的相交点成梅花型交错绑扎。

注：箍筋的弯钩叠合处应沿柱子竖筋交错布置，并绑扎牢固。

c. 柱箍筋端头弯头成135°。平直部分长度不小于10d(d 为箍筋直径)。

d. 柱基、柱顶和核心区(梁柱交界处)箍筋加密，加密区长度及加密区内箍筋间距符合设计图纸和抗震规范要求。

e. 凡绑扎接头，接头长度内箍筋应按5d 时≤100 mm(受拉)，10d 时≤200 mm(受压)加密。当受压钢筋直径大于25 mm 时，应在搭接接头外100 mm 范围内各绑两箍筋。

f. 柱子钢筋保护层厚度符合设计及规范要求，主筋外皮一般为30 mm，箍筋外保护层一般不小于15 mm，用塑料卡卡在外竖筋上，注意避开十字交叉处，间距一般为1 000 mm，以保证主筋保护层厚度准确。

④为控制柱子竖向主筋的位置，一般在柱子的中部、上部及预留筋的上口设置三道定位箍筋(定位箍筋用高于柱子箍筋一个规格的钢筋焊制，呈"井"字形定位箍筋，顶在模板内，比柱断面小2 mm)。

⑤柱筋定距框制作示意图如图6-1所示。

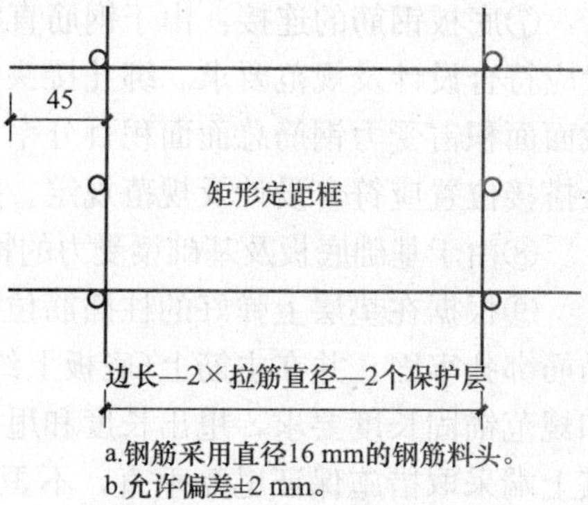

(3)梁钢筋绑扎。

1)工艺流程：画梁箍筋间距→放梁箍筋→穿梁底层纵筋并与箍筋固定→穿梁上层纵向架立筋→按箍筋间距绑扎→验收。

2)操作工艺。

①在梁侧模板上画出箍筋间距，摆放箍筋。

②在穿梁的下部纵向受力钢筋时，将箍筋按已画好的间距逐个分开。放梁的架立筋，隔一定间距将架立筋与箍筋绑扎牢固。调整箍筋间距，使间距符合设计和规范要求，用套扣法绑扎架立筋，再绑扎主筋。

③箍筋在叠合处的弯钩，在梁中交错绑扎，箍筋弯钩为135°，平直部分长度为10d。

45

矩形定距框

边长—2×拉筋直径—2个保护层

a.钢筋采用直径16 mm的钢筋料头。
b.允许偏差±2 mm。

图6-1 柱筋定距框示意

④梁端第一个箍筋应设置在距离柱节点边缘为 50 mm 处。梁端与柱交接处箍筋加密，其间距与加密区长度均要符合设计及规范要求。

⑤在受力筋下放上塑料定型垫块，保证保护层的厚度。

(4)板单层钢筋绑扎。

1)工艺流程：弹钢筋位置线→铺设顶板下网下层钢筋→铺设顶板下网上层钢筋→绑扎顶板下网钢筋→放置马凳垫块→绑扎顶板负弯矩筋→安柱水平定距框→检查调整柱预留钢筋→验收。

2)操作工艺。

①根据图纸设计的间距，计算出顶板实际需用的钢筋根数，在顶板模板上弹出钢筋位置线，让靠近模板边的那第一根钢筋距离板边为 50 mm。

②按弹出的钢筋位置线，绑扎顶板下层钢筋。先摆放受力主筋，后放分布钢筋。分布钢筋的作用是将受力钢筋横向连成一片，保持受力钢筋的位置不致因受外力作用而产生位移，同时，将集中荷载分散给受力钢筋，并将混凝土的收缩与温度变形引起的应力分散承受。

③单向板受力钢筋布置在受力方向，放在下层。分布钢筋布置在非受力方向，放在上层。

④检查顶板下层钢筋施工合格后，放置顶板混凝土保护层用塑料定型垫块，垫块厚度等于保护层厚度，可按 1 m 左右间距呈梅花形布置，在下层钢筋上摆放马凳(间距以 1 m 左右一个为宜)，在马凳上摆放纵、横两个方向定位钢筋。然后绑扎顶板负弯矩钢筋。

⑤安放水平定距框，调整柱预留钢筋的位置，将柱的预留钢筋绑扎牢固，钢筋甩出长度，甩头错开百分比及错开长度满足设计及规范要求。

⑥绑扎板筋时一般用顺扣或八字扣，除外围两根钢筋的相交点应全部绑扎外，其余各点可交错绑扎。

(5)楼梯钢筋绑扎。

1)工艺流程：划位置线→绑主筋→绑分布筋→绑踏步筋→验收。

2)操作工艺。

①在楼梯底板上画主筋和分布筋的位置线。

②根据设计图纸中主筋、分布筋的方向，先绑扎主筋后绑扎分布筋，每个交点均绑扎。有楼梯梁，先绑梁筋后绑板筋。板筋要锚固到梁内。

③底板钢筋绑完，待踏步模板吊帮支好后，再绑扎踏步钢筋，并垫好塑料定型垫块。

④板式楼梯钢筋安装。板中纵向受力钢筋按设计要求配置，有弯起钢筋。踏步板内配置横向分布筋，每踏步至少 1 根直径 6 mm 的钢筋。

⑤其他可参照梁板钢筋安装控制内容。

(6)电渣压力焊连接。

1)工艺流程。

①施工流程：检查设备、电源→钢筋端部检查→选择焊接参数→安装焊接夹具和钢筋→安放钢丝球→安放焊剂罐、填装焊剂→施焊、做试件→确定焊接参数→施焊→回收焊剂→卸下夹具→质量检查→验收。

②电渣压力焊的施焊过程：闭合电路→引弧→电弧过程→电渣过程→挤压断电。

2)操作工艺。

①检查设备、电源，确保始终处于正常状态，严禁超负荷工作。

②钢筋端部检查。钢筋安装之前，将钢筋焊接部位和电极钳口接触（150 mm 区段内）位置的锈斑、油污、杂物等清除干净，钢筋端部若有弯折、扭曲，应先矫直或切除，但不得用锤击矫直。

③选择焊接参数。钢筋电渣压力焊的焊接参数主要包括：焊接电流、焊接电压和焊接通电时间。

④安装焊接夹具和钢筋。

a. 夹具的下钳口夹紧于下钢筋端部的适当位置，一般为 1/2 焊剂罐高度偏下 5～10 mm，以确保焊接处的焊剂有足够的掩埋深度。

b. 将钢筋放入夹具钳口后，调准动夹头的起始点，使上下钢筋的焊接部位位于同轴状态，方可夹紧钢筋。

c. 钢筋一经夹紧，严防晃动，以免上下钢筋错位和夹具变形。

⑤安放焊剂罐、填装焊剂。

⑥试焊、做试件、确定焊接参数。在正式进行钢筋电渣压力焊之前，必须按照选择的焊接参数进行试焊并做试件送试，以便确定合理的焊接参数。合格后，方可正式生产。自动控制焊接设备按照确定的参数设定好设备的各项控制参数，以确保焊接接头质量可靠。

⑦施焊操作要点。

a. 闭合电路、引弧：通过操作杆或操纵盒上的开关，先后接通焊机的焊接电流回路和电源的输入回路，在钢筋端面之间引燃电弧，开始焊接。引弧过程力求可靠，引弧后，应控制焊接电压值为 40～50 V。

b. 电弧过程：引燃电弧后，控制电压值。借助操纵杆使上下钢筋端面之间保持一定的间距，进行电弧过程的延时，使其达到全部焊接时间的 3/4，其间焊剂不断熔化而形成必要深度的渣池。

c. 电渣过程：随后逐渐下送钢筋，使上钢筋端部插入渣池，电弧熄灭，进入电渣过程的延时，使其为全部焊接时间的 1/4，使钢筋全断面加速熔化。

d. 挤压断电：电渣过程结束，迅速送上钢筋，使其断面与下钢筋端面相互接触，趁热排除熔渣和熔化金属。同时切断焊接电源。

e. 接头焊毕，须停歇 20～30 s 后，才可回收焊剂和卸下焊接夹具，以免接头偏斜或接合不良。

⑧质量检查：在钢筋电渣压力焊的焊接生产中，焊工认真进行自检，若发现偏心、弯折、烧伤、焊包不饱满等焊接缺陷，切除接头重焊，并查找原因，及时消除。切除接头时，切除热影响区的钢筋，即距离焊缝中心约为 1.1 倍钢筋直径的长度范围内部分切除。

三、质量标准

1. 主控项目

（1）钢筋、焊剂的品种和性能必须符合设计要求和有关标准的规定。

（2）在施工现场，按现行国家标准《钢筋焊接及验收规程》（JGJ 18—2012）的规定抽取钢筋焊接接头试件做力学性能检验，其质量必须符合有关规程的规定。

2. 一般项目

（1）钢筋网片和骨架绑扎缺扣、松扣数量不超过绑扣数的 10%，且不应集中。

(2)弯钩的朝向正确。

(3)箍筋间距、数量、弯钩角度和平直长度，必须符合设计要求和施工规范的规定。

(4)将钢筋电渣压力焊接头逐个进行外观检查，其结果应符合下列要求：

1)四周焊包，凸出钢筋表面的高度不得小于 4 mm。

2)钢筋与电板接触处，无烧伤缺陷。

3)接头处的弯折角不大于 3°。

4)接头处的轴线偏移不得大于钢筋直径 0.1 倍，且不得大于 2 mm。

3. 钢筋加工的允许偏差

钢筋加工的允许偏差应符合表 6-1 的规定。

表 6-1 钢筋加工的允许偏差

项目	允许偏差/mm
受力钢筋顺长度方向全长的净尺寸	±10
弯起钢筋的弯折位置	±20
箍筋内净尺寸	±5

四、成品保护

(1)成型钢筋及钢筋网片按指定地点堆放，用垫木垫放整齐，选择地势高、地面干燥之处，防止钢筋变形、锈蚀、油污。

(2)焊接(绑扎)柱筋时搭设牢固的临时脚手架，不准蹬踏钢筋，不准沿柱筋上下攀爬。

(3)底板及顶板上、下层钢筋绑扎时，支撑马凳要绑扎牢固，防止操作时钢筋被踩踏变形、发生位移。

(4)楼板的负弯矩钢筋绑扎后，不准在上面踩踏行走。浇筑混凝土时应另铺设凳子、跳板，派人员专门负责修理，保证负弯矩筋位置准确。

(5)浇筑混凝土前进行隐检时，检查钢筋的绑扣，如有缺漏的，将钢筋整理后补上绑扣。

(6)往楼层上搬运钢筋存放时，清理好存放地点，以免变形。

(7)不得踩踏已绑好的钢筋。

(8)钢筋有踩弯、移位或脱扣时，及时调整、补好。

五、应注意的质量问题

(1)柱主筋的插筋与底板上、下要加定位框进行固定，绑扎牢固，确保位置准确。混凝土浇筑时有专人检查修整。

(2)柱钢筋应每隔 1 m 左右加塑料定型卡，呈梅花形布置，确保钢筋保护层厚度。

(3)柱钢筋接头较多，翻样配料加工时，应根据图纸预先画出施工翻样图，注明各号钢筋搭配顺序，并避开受力钢筋的最大弯矩处，避免出现钢筋的接头位置错误的现象。

(4)柱竖向钢筋位置必须用水平定距框内外双控进行固定，在柱模板上口加扁铁是竖向钢筋外控的重要措施。

(5)浇筑混凝土前检查钢筋位置是否正确，振捣混凝土时防止碰动钢筋，浇完混凝土后立即修整钢筋的位置，防止柱筋位移。

(6)配制箍筋时按内皮尺寸计算，防止梁钢筋骨架尺寸过小。

(7)梁柱端、柱核心区箍筋应加密。

(8)箍筋末端弯成135°，平直部分长度为10d。

(9)梁筋进支座长度应符合设计和规范要求。

(10)板的负弯矩钢筋位置准确，施工时不应踩到下面。

(11)板钢筋绑扎时应用尺杆划线，并随时找正调直，防止板筋不顺直。

(12)绑扎纵向受力筋时要吊正。

(13)应严格执行钢筋"七不绑""五不验"要求。

1)"七不绑"：

①控制线未弹好不绑。

②未清除混凝土接槎部位全部浮浆到露石子不绑。

③未清理污筋不绑。

④未检查偏位筋不绑。

⑤偏位筋未按1∶6调正不绑。

⑥甩槎筋长度、错开百分比、错开长度不合格不绑。

⑦接头质量不合格不绑。

2)"五不验"：

①钢筋未完成不验收。

②钢筋定位措施不到位不验收。

③钢筋保护层垫块不合格，达不到要求不验收。

④钢筋纠偏不合格不验收。

⑤钢筋绑扎未严格按技术交底施工不验收。

(14)在钢筋电渣压力焊施工中，应重视焊接全过程中的任何一个环节。接头部位清理干净。钢筋安装上下同轴。夹具紧固，严防晃动。引弧过程，力求可靠。电弧过程，延时充分。电渣过程，短而稳定。挤压过程，压力适当。若出异常现象，应立即查找原因，及时消除质量问题。

📖 要点说明

由于钢筋工程直接影响到建筑的承载能力和结构的安全使用，因此，对钢筋工程的质量有非常严格的技术标准。

任务二　钢筋加工与绑扎安全技术交底

(1)进入作业现场必须按规定正确佩戴安全防护用品。

(2)钢筋机械、电渣压力焊机械必须由学校电工接装电源、闸箱、漏电开关。检查线路、接头、零线及绝缘情况，电源线不得有接头，并经试转确认安全后方可作业。作业完毕后由学校电工拆动。

(3)服从实习实训指导教师及小组安全员指挥。

(4)钢筋加工。

1)手推车运输钢筋时，须平稳推行，不得抢跑，空车应让重车，卸料时须轻拿轻放，按规格尺寸码放整齐。

2)使用钢筋切断机、弯曲机、调直机作业，必须在实习实训指导教师的指导下进行。

3)钢筋操作台场地要平整，操作台安放要牢固。

4)展开盘条钢筋时，卡牢端条。应切断前压稳，防止回弹。

5)夹剪切断长料时，须有专人扶稳钢筋，操作时动作协调一致。钢筋短头必须使用钢管套夹剪夹住，不准手扶。

6)钢筋操作台人工弯曲钢筋时，须放平扳手，用力均匀，避免用力过猛。操作台如有铁屑、杂物等，可用刷子清除，严禁用嘴吹。

7)制作的成品钢筋须按照规格尺寸和形状码放整齐，高度不得超过1 m，且下面要垫木方，钢筋加工标牌清晰。将工具放入工具箱中。

(5)钢筋绑扎。

1)电渣压力焊接操作由外聘专业人员负责，每组实习实训指导教师及学生在安全区域内参观见习。

2)抬运钢筋时，用力要一致，协调配合，不准乱扔乱放。

3)基础钢筋作业时，人员上下基坑必须走木梯。

4)结构柱钢筋绑扎要搭设平稳、牢固的临时脚手架。不准站在钢筋骨架上，不得攀登钢筋骨架上下。

5)应将钢筋绑扎的绑丝头，弯回至骨架内侧。

6)暂停绑扎时，检查所绑扎的钢筋和骨架，确认连接牢固后方可离开现场。

7)绑扎结束后，应将工具放入工具箱中，不准乱扔乱放。

任务三　工程量计算（配筋表）

1.独立基础配筋

独立基础配筋工程量计算见表6-2。

表6-2　独立基础配筋表

项次	构件名称	构件数量/个	钢筋编号	简图	钢筋直径/mm	型号	下料长度/mm	单位根数/支	合计根数/支	合计质量/kg
一	J-1	5	①	1 230	12	Φ	1 230	7	7×5=35	1.23×35×0.888=38.23
一	J-1	5	②	1 230	12	Φ	1 230	7	7×5=35	1.23×35×0.888=38.23
二	J-2	1	①	1 230	12	Φ	1 230	13	13×1=13	1.23×13×0.888=14.20
二	J-2	1	②	2 285	12	Φ	2 285	7	7×1=7	2.285×7×0.888=14.20

说明：

J-1(5个)L=基础尺寸-2×保护层厚度=1 300-2×35(2b类环境)=1 230(mm)

根数 N=[X向净长-2×min(75, s/2)]÷间距+1=(1 300-2×75)÷200+1=5.75+1=6.75(根)，取7根。

2. −0.100 m 及−0.05 m 层地梁配筋

−0.100 m 及−0.05 m 层地梁配筋工程量计算见表6-3。

表6-3 −0.100 m 及−0.05 m 层地梁配筋表

项次	构件名称	构件数量/个	钢筋编号	简图	钢筋直径/mm	型号	下料长度/mm	单位根数/支	合计根数/支	合计质量/kg
一	KL-1	2	上排筋①	210 ⌐2 886⌐ 210	14	Φ	2 886+210×2−28=3 278	2	2×2=4	3.278×4×1.21=15.87
一	KL-1	2	下排筋②	210 ⌐2 886⌐ 210	14	Φ	2 886+210×2−28=3 278	2	2×2=4	3.278×4×1.21=15.87
一	KL-1	2	箍筋③	180 ☐ 230	8	φ	(230+180)×2+2×80=980	18	18×2=36	0.98×36×0.395=13.94
二	KL-2	2	上排筋④	210 ⌐4 886⌐ 210	14	Φ	4 886+210×2−28=5 278	2	2×2=4	5.278×4×1.21=25.55
二	KL-2	2	下排筋⑤	210 ⌐4 886⌐ 210	14	Φ	4 886+210×2−28=5 278	2	2×2=4	5.278×4×1.21=25.55
二	KL-2	2	箍筋⑥	☐ 230 180	8	φ	(230+180)×2+2×80=980	28	28×2=56	0.98×56×0.395=21.68
三	L-1	1	上排筋⑦	210 ⌐2 636⌐ 210	14	Φ	2 636+210×2−28=3 028	2	2×1=2	3.028×2×1.21=7.33
三	L-1	1	下排筋⑧	210 ⌐2 636⌐ 210	14	Φ	2 636+210×2−28=3 028	2	2×1=2	3.028×2×1.21=7.33
三	L-1	1	箍筋⑨	☐ 230 180	8	φ	(230+180)×2+2×80=980	17	17×1=17	0.98×17×0.395=6.58

说明:

KL-1 上排筋①：L=梁总长−2×保护层−2×柱主筋箍筋之和+2×弯折(15d)−2×梁主筋直径=2 750+250−2×35−2×(14+8)+2×15×14−2×14=2 886+420−28=3 278(mm)

KL-1 下排筋②：L=3 278 mm(同上)

箍筋③：L=(梁宽+梁高)×2−8×保护层+2×弯钩 max(75,10d)=(250+300)×2−8×35+2 max(75,80)=980(mm)

根数 N=[(加密区长−50)÷加密区间距+1]×2+非加密区长÷非加密区间距−1

其中，加密区长=max{1.5 梁高，500}=500 mm，非加密区长=梁净长−2×加密区长=2 750−250−2×500=1 500 mm

N=[(500−50)÷100+1]×2+1 500÷200−1=(4.5+1)×2+6.5=17.5，取18根。

3. 首层柱配筋

首层柱配筋工程量计算见表6-4。

表6-4 首层柱配筋表

项次	构件名称	构件数量/个	钢筋编号	简图	钢筋直径/mm	型号	下料长度/mm	单位根数/支	合计根数/支	合计质量/kg
一	KZ-1	4	柱角①	250⌐___1 550	16	Φ	1 800	4	4×4＝16	1.8×16×1.58＝45.50
一	KZ-1	4	柱中②	250⌐___2 110	16	Φ	2 360	4	4×4＝16	2.36×16×1.58＝59.66
二	KZ-1	4	柱角③	___2 400	16	Φ	2 400	4	4×4＝16	2.4×16×1.58＝60.67
二	KZ-1	4	柱中④	___2 400	16	Φ	2 400	4	4×4＝16	2.4×16×1.58＝60.67
三	KZ-1	4	箍筋⑤	□210 210	8	ϕ	1 000	其中7支用±0.000以下	7×4＝28	1.00×28×0.395＝11.06
四	KZ-1	4	箍筋⑥	□210 210	6	ϕ	990	其中24支用±0.000至首层顶	24×4＝96	0.99×96×0.26＝24.71
五	KZ-2	2	柱角⑦	250⌐___3 355⌐210	16	Φ	3 355＋250＋15×14－28＝3 787	4	4×2＝8	3.787×8×1.58＝47.87
六	KZ-2	2	柱中⑧	250⌐___3 355⌐210	16	Φ	3 355＋250＋15×14－28＝3 787	4	4×2＝8	8×3.787×1.58＝47.87
七	KZ-2	2	箍筋⑨	□210 210	8	ϕ	1 000	28	28×2＝56	1.00×56×0.395＝22.12
八	KZ-2	1	柱角⑩	250⌐___2 005⌐210	16	Φ	2 005＋250＋210－28＝2 437	4	4×1＝4	2.437×4×1.58＝15.40
九	KZ-2	1	柱中⑪	250⌐___2 005⌐210	16	Φ	2 005＋250＋210－2×14＝2 437	4	4×1＝4	2.437×4×1.58＝15.40
十	KZ-2	1	箍筋⑫	□210 210	8	ϕ	1 000	21	21×1＝21	1.00×21×0.395＝8.30

说明：

KZ1 柱角①：$L＝$基础层高度＋$H_n/3$＋基础弯折＝800＋(2 650－400)/3＋250＝800＋750＋250＝1 800(mm)；

柱中②：$L＝$基础层高度＋$H_n/3$＋35d(变径，d取较大直径)＋基础弯折＝800＋(2 650－400)/3＋35×16＋250＝2 360(mm)；

柱角③：$L＝$一层层高－$H_n/3$＋max($H_n/6$, h_c, 500)＝2 650－750＋500＝2 400(mm)；

柱中④：$L＝2 400$(mm)。

4. 二层柱配筋

二层柱配筋工程量计算见表 6-5。

表 6-5　二层柱配筋表

项次	构件名称	构件数量/个	钢筋编号	简图	钢筋直径/mm	型号	下料长度/mm	单位根数/支	合计根数/支	合计质量/kg
一	KZ-1	4	柱角①	716 | 2 214	14	⊈	2 930	3	3×4=12	2.93×12×1.21=42.54
二	KZ-1	4	柱角②	192 | 2 214	14	⊈	2 406	1	1×4=4	2.406×4×1.21=11.65
三	KZ-1	4	柱中①	716 | 1 654	16	⊈	2 370	2	2×4=8	2.37×8×1.58=29.96
四	KZ-1	4	柱中②	192 | 1 654	16	⊈	1 846	2	2×4=8	1.846×8×1.58=23.33
三	KZ-1	4	箍筋③	210 | 210	6	φ	990	22	22×4=88	0.99×88×0.26=22.65

5. 2.65 m 层梁配筋

2.65 m 层梁配筋工程量计算见表 6-6。

表 6-6　2.65 m 层梁配筋

构件名称	构件数量/个	钢筋编号	简图	钢筋直径/mm	型号	下料长度/mm	单位根数/支	合计根数/支	合计质量/kg
KL-1	1	上排筋①	210 | 2916 | 210	14	⊈	2 916+210×2−28=3 308	2	2×1	3.308×2×1.21=8.01
KL-1	1	下排筋②	240 | 2916 | 240	14	⊈	3 308	2	2×1	3.308×2×1.21=8.01
KL-5	1	上排筋①	210 | 4916 | 210	14	⊈	4 916+210×2−28=5 308	2	2×1	5.308×2×1.21=12.85
KL-5	1	下排筋②	240 | 4916 | 240	16	⊈	4 916+240×2−32=5 364	2	2×1	5.364×2×1.58=16.95
KL-5	1	箍筋③	160 | 360	8	φ	(360+160)×2+2×80=1 200	34	34×1	1.2×34×0.395=16.12
KL-6	1	上排筋④	240 | 1 221 | 240	16	⊈	1 221+240×2−32=1 669	2	2×1	1.669×2×1.58=5.27

构件名称	构件数量/个	钢筋编号	简图	钢筋直径/mm	型号	下料长度/mm	单位根数/支	合计根数/支	合计质量/kg
KL-6	1	下排筋⑤	240⌐1 221⌐240	16	Φ	1 221+240×2−32=1 669	2	2×1	1.669×2×1.58=5.27
KL-6	1	箍筋⑥	160⌐360	8	φ	(360+160)×2+2×80=1 200	9	9×1	1.2×9×0.395=4.27
一 KL-1	1	箍筋③	160⌐360	8	φ	(160+360)×2+2×80=1 200	19	19×1	1.2×19×0.395=9.01
二 KL-2	1	上排筋④	240⌐2 666⌐240	16	Φ	2 666+240×2−2×16=3 114	2	2×1	3.114×2×1.58=9.84
二 KL-2	1	下排筋⑤	240⌐2 666⌐240	16	Φ	3 114	2	2×1	3.114×2×1.58=9.84
二 KL-2	1	抗扭筋⑥	180⌐2 666⌐180	12	Φ	2 666+180×2−2×12=3 002	2	2×1	3.002×2×0.888=5.33
二 KL-2	1	箍筋⑦	160⌐360	8	φ	(360+160)×2+2×60=1200	30	30×1	1.2×30×0.395=14.22
三 KL-3	1	上排筋⑧	210⌐5 416⌐210	14	Φ	5 416+210×2−28=5808	2	2×1	5.808×2×1.21=14.06
三 KL-3	1	下排筋⑨	210⌐5 416⌐210	14	Φ	5 808	2	2×1	5.808×2×1.21=14.06
三 KL-3	1	箍筋⑩	210⌐2 616⌐210	8	φ	(360+160)×2+2×80=1 200	38	38×1	1.2×38×0.395=18.01
四 L-1	1	上排筋①	210⌐2 616⌐210	14.	Φ	3004	2	2×1	3.004×2×1.21=7.27
四 L-1	1	下排筋②	240⌐2 616⌐240	16.	Φ	3064	2	2×1	3.064×2×1.58=9.68
四 L-1	1	箍筋③	160⌐210	8	φ	(210+160)×2+160=900	23	23×1	0.9×23×0.395=8.18
五 KL-4	1	上排筋④	210⌐4 916⌐210	14	Φ	4 916+210×2−28=5 308	2	2×1	5.308×2×1.21=12.85
五 KL-4	1	下排筋⑤	240⌐4 916⌐240	16	Φ	4 916+240×2−32=5 364	2	2×1	5.364×2×1.58=16.95
五 KL-4	1	箍筋⑥	160⌐360	8	φ	(360+160)×2+160=1 200	30	30×1	1.2×30×0.395=14.22

6.5.40 m层梁配筋

5.40 m层梁配筋工程量计算见表6-7。

表6-7　5.40 m层梁配筋表

项次	构件名称	构件数量/个	钢筋编号	简图	钢筋直径/mm	型号	下料长度/mm	单位根数/支	合计根数/支	合计质量/kg
一	WKL-1	2	上下排筋①	210 ⌐‾‾‾⌐ 210 / 2 916	14	Φ	2 916+210× 2-28=3 308	4	4×2=8	3.308×8× 1.21=32.02
一	WKL-1	2	箍筋②	160 □ / 260	8	φ	(260+160)× 2+160=1 000	24	24×2=48	1.0×48× 0.395=18.96
二	WKL-2	1	上下排筋③	210 ⌐‾‾‾⌐ 210 / 4 916	14	Φ	4 916+210× 2-28=5 308	4	4×1=4	5.308×4× 1.21=25.69
二	WKL-2	1	箍筋④	160 □ / 260	8	φ	(360+160)× 2+160=1 200	29	29×1=29	1.2×29× 0.395=13.75
三	WKL-3	1	上排筋⑤	4 916 / 210 ⌐‾‾‾⌐ 210	14	Φ	4 916+210× 2-28=5 308	2	2×1	5.308×2× 1.21=12.85
三	WKL-3	1	下排筋⑥	240 ⌐‾‾‾⌐ 240 / 4 916	16	Φ	4 916+240× 2-32=5 364	2	2×1	5.364×2× 1.58=16.95
三	WKL-3	1	箍筋	160 □ / 360	8	φ	(360+160)× 2+2×80=1 200	29	29×1	1.2×29× 0.395=13.75

7.2.65 m层板配筋

2.65 m层板配筋工程量计算见表6-8。

表6-8　2.65 m层板配筋表

序号	构件名称	钢筋编号	简图	钢筋直径/mm	型号	下料长度/mm	单位根数/支	合计根数/支	合计质量/kg
1	板底横向筋	①	2 800	8	Φ	2 800	24	24×1	2.8×24× 0.395=26.54
2	板底纵向筋	②	4 800	8	Φ	4 800	14	14×1	4.8×14× 0.395=26.54
3	板底横向筋	③	1 080	8	Φ	1 080	12	12×1	1.08×12× 0.395=5.12
4	板底纵向筋	④	2 500	8	Φ	2 500	5	5×1	2.5×5× 0.395=4.94
5	板负弯矩筋	⑤	140 ⌐ 870 ⌐ 70	8	Φ	140+870+70- 2×8=1 064	19+26+14	59×1	1.064×59× 0.395=24.80
6	板负弯矩筋	⑥	140 ⌐ 3 405 ⌐ 70	8	Φ	140+3 405+70- 2×8=3 599	5	5×1	3.599×5× 0.395=7.11

序号	构件名称	钢筋编号	简图	钢筋直径/mm	型号	下料长度/mm	单位根数/支	合计根数/支	合计质量/kg
7	板负弯矩筋	⑦	140⌐1 240⌐140	8	Φ	140＋1 240＋140－2×8＝1 504	12	12×1	1.504×12×0.395＝7.13
8	板分布筋	⑧	3 520	6	Φ	3 520	8	8×1	3.52×8×0.26＝7.32
9	板分布筋	⑨	1 520	6	Φ	1 520	8	8×1	1.52×8×0.26＝3.16
10	板马凳筋	⑩	⋀⋀			4 750－2×75＝4 600	4 600÷500	9×4个	36
11	板马凳筋	⑪	⋀⋀			2 750－2×75－2×500＝1 600	1 600÷500	4×4个	16

说明：

板底横向筋①：L＝板净长＋2×max(1/2 梁宽，5d)＝2 750－2×75＋2×100＝2 800(mm)；

根数 N＝(4 750－2×75－2×50)÷200＋1＝24(根)；

板底纵向筋②：L＝板净长＋2×max(1/2 梁宽，5d)＝4 750－2×75＋2×100＝4 800(mm)；

根数 N＝(2 750－2×75－2×50)÷200＋1＝14(根)；

板负弯矩筋⑤：L＝右标注＋右弯折＋左锚固－2×钢筋直径＝870＋100－2×15＋40d－(200－20)－2×8＝1 064(mm)；

板分布筋⑧：L＝板净长－2×梁保护层厚度－2×负筋＋2×搭接(150)＝4 750－2×20－2×870＋2×150＝3 520(mm)；

根数 N＝[(870－200－20－50)÷200＋1]×2＝4(根)×2＝8(根)。

8.5.40 m 层板配筋

5.40 m 层板配筋工程量计算见表 6-9。

表 6-9　5.40 m 层板配筋表

序号	构件名称	钢筋编号	简图	钢筋直径/mm	型号	下料长度/mm	单位根数/支	合计根数/支	合计质量/kg
1	板横向筋	1	2 800	8	Φ	2 800	24	24×1	2.8×24×0.395＝26.54
2	板纵向筋	2	4 800	8	Φ	4 800	14	14×1	4.8×14×0.395＝26.54
3	板负弯矩筋	3	140⌐870⌐70	8	Φ	140＋870＋70－2×8＝1 064	28＋48	76×1	1.064×76×0.395＝31.94
4	板分布筋	4	1 520	6	Φ	1 520	8	8×1	1.52×8×0.26＝3.16
5	板分布筋	5	3 520	6	Φ	3 520	8	8×1	3.52×8×0.26＝7.32
6	板温度筋	⑥	3 860	8	Φ	3 860	6	6×1	3.86×6×0.395＝9.15

序号	构件名称	钢筋编号	简图	钢筋直径/mm	型号	下料长度/mm	单位根数/支	合计根数/支	合计质量/kg
7	板温度筋	⑦	1 860	8	Φ	1 860	16	16×1	1.86×16×0.395=11.76
8	板马凳筋	⑧	〈 〉			成品			69

9. 雨篷配筋

雨篷配筋工程量计算见表 6-10。

表 6-10 雨篷配筋表

序号	构件名称	钢筋编号	简图	钢筋直径/mm	型号	下料长度/mm	单位根数/支	合计根数/支	合计质量/kg
1	雨篷底筋	①	1 085	8	Φ	1 085	11	11×1	1.085×11×0.395=4.71
2	雨篷挑筋	②	70 2 360 70	12	Φ	70×2+2 360−2×12=2 476	15	15×1	2.476×15×0.888=32.98
3	雨篷分布筋	③	2 070	6	Φ	2 070	6	6×1	2.07×6×0.26=3.23

说明：

雨篷底筋①：$L=$挑出长度+深入梁内长度$=1\,000-15+\max(1/2$梁宽，$5d)=1\,000-15+100=1\,085$ mm；

根数 $N=(2\,100-2\times15)\div200+1=11$（根）；

雨篷挑筋②：$L=1\,360+1\,000+(100-2\times15)\times2-2\times12=2\,476$（mm）；

雨篷分布筋③：$L=2\,100-2\times15=2\,070$（mm）；

根数 $N=(2\,100-2\times15)\div150+1=15$（根）。

10. 构造柱配筋

构造柱配筋工程量计算见表 6-11。

表 6-11 构造柱配筋表

项次	构件名称	构件数量/个	钢筋编号	简图	钢筋直径/mm	型号	下料长度/mm	单位根数/支	合计根数/支	合计质量/kg
1	构造柱主筋	1	①	2 152	12	Φ	2 152	4	4×1	2.152×4×0.888=7.64
2	构造柱主筋	1	②	880	12	Φ	880	4	4×1	0.88×4×0.888=3.13
2	构造柱箍筋	1	③	160 160	6	Φ	160×4+2×75=790	18	18×1	0.79×18×0.26=3.70

说明：

构造柱主筋①：$L=2\,000-700+1.4\times40d+180$（直径 12 mm 的钻孔深度）$=1\,300+672+180=2\,152$（mm）；

构造柱主筋②：$L=$钻孔深度$+1.4\times40d$（取 700）$=180+700=880$（mm）；

构造柱箍筋③：$L=(200+200)\times2-8\times20+2\max(75,10d)=790$（mm）；

根数 $n=(700\div100+1)\times2+(2\,000-700\times2)\div200-1=18$（根）。

11. 楼梯配筋

楼梯配筋工程量计算见表6-12。

表 6-12　楼梯配筋表

项次	构件名称	构件数量/个	钢筋编号	简图	钢筋直径/mm	型号	下料长度/mm	单位根数/支	合计根数/支	合计质量/kg
1	楼梯底筋	1	①	70 1 100　3 000	12	Φ	70＋1 100＋3 000－2×12＝4 146	11	11×1	4.146×11×0.888＝40.50
2	底板底负弯矩筋	1	②	70 750 180	12	Φ	70＋750＋180－2×12＝976	11	11×1	0.976×11×0.888＝9.53
3	底板上负弯矩筋	1	③	1 300 750 70	12	Φ	1 300＋750＋70－2×12＝2 096	11	11×1	2.096×11×0.888＝20.47
4	TB－1分布筋	1	④	1 020	10	Φ	1 020	25	25×1	1.02×25×0.617＝15.73
5	平台分布筋	1	⑤	2 220	10	Φ	2 220	12	12×1	2.22×12×0.617＝16.44
6	TB－2底筋	1	⑥	1 150 3 000	12	Φ	1 150＋3 000＝4 150	6	6×1	4.15×6×0.888＝22.11
7	TB-2分布筋	1	⑦	1 020	10	Φ	1 020	25	25×1	1.02×25×0.617＝15.73
8	平台左负弯矩筋	1	⑧	1 300 360 70	12	Φ	70＋1 300＋360－2×12＝1 706	6	6×1	1.706×6×0.888＝9.09
9	TB-2上负弯矩筋	1	⑨	360 750 70	12	Φ	360＋750＋70－2×12＝1 156	6	6×1	1.156×6×0.888＝6.16
10	TB-2上负弯矩筋	1	⑩	70 750 180	12	Φ	70＋750＋180－2×12＝976	6	6×1	0.976×6×0.888＝5.20

说明:

TB－1底板和负弯矩筋间距100 mm,分布筋间距200 mm,TB－2底板负弯矩筋及分布筋间距均为200 mm。

本折板楼梯尺寸,以实际施工现场量取为准。

楼梯底筋①:L＝板厚－2×保护层厚度＋现场量取＋勾股定理尺寸－2×底筋直径＝100－2×15＋1 100＋3 000－2×12＝4 146(mm)。

根数 N＝(1 050－2×15)÷100＋1＝11(根)。

底板底负弯矩筋②:L＝板厚－2×保护层厚度＋1/4L_n＋弯折(15d)－2×底筋直径＝100－2×15＋1/4×3 000＋15×12－2×12＝976(mm)。

底板上负弯矩筋③:L＝板厚－2×保护层厚度＋1/4L_n＋量取－2×底筋直径＝100－2×15＋1/4×3 000＋1 300－2×12＝2 096(mm)。

TB－1分布筋④:L＝1 050－2×15＝1 020(mm),根数 N＝(3 000－250)÷200＋1＋(750÷200＋1)×2＝25(根)。

平台分布筋⑤:L＝2 500－250－2×15＝2 220(mm)。

TB－2底筋⑥:L＝3 000(量取尺寸)＋1 150＝4 150(mm)。

平台左负弯矩筋⑧:L＝板厚－2×保护层厚度＋量取尺寸＋弯折(30d)－2×直径＝100－2×15＋1 300＋30×12－2×12＝1 706(mm)。

TB－2上负弯矩筋⑨:L＝板厚－2×保护层厚度＋1/4L_n＋30d－2×直径＝100－2×15＋1/4×3 000＋30×12－2×12＝1 156(mm)。

TB－2上负弯矩筋⑩:L＝板厚－2×保护层厚度＋1/4L_n＋15d－2×直径＝100－2×15＋1/4×3 000＋15×12－2×12＝976(mm)。

12. TB-1 钢筋计算示意图

TB-1 钢筋计算示意如图 6-2 所示。

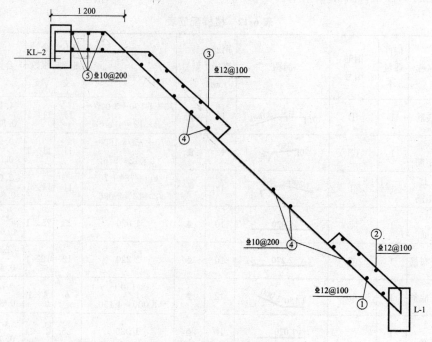

图 6-2　TB-1 钢筋计算示意

13. TB-2 钢筋计算示意

TB-2 钢筋计算示意如图 6-3 所示。

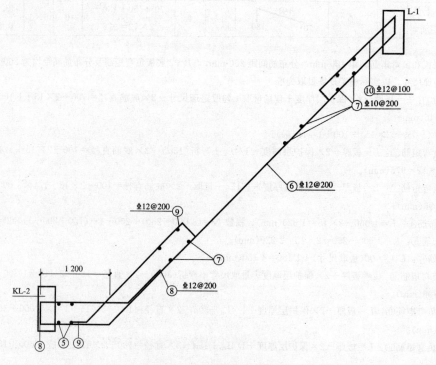

图 6-3　TB-2 钢筋计算示意

要点说明

配筋就是根据设计图纸和图纸会审记录等，按不同构件分别计算出钢筋下料长度和根数，填写配料单，然后进行备料加工。在实际施工过程中，钢筋的预算长度与配筋长度是有区别的，要分别对待。

任务四　钢筋工程质量验收

1. 钢筋加工检验批质量验收记录表

钢筋加工检验批质量验收记录表范例见表6-13。

表6-13　钢筋加工检验批质量验收记录表(范例)

(GB 50204—2015)

C01－9－03010602－1001

单位(子单位)工程名称			实训办公楼1#									
分部(子分部)工程名称			地基与基础分部工程		验收部位				独立基础			
施工单位			××班级××小组		项目经理				××			
施工执行标准名称及编号												

施工质量验收规范的规定				施工单位检查评定记录									监理(建设)单位验收记录
主控项目	1	力学性能检验	第5.2.1条	✓									合格
	2	成型钢筋进场检验	第2.2.2条	✓									
	3	抗震用钢筋强度实测值	第5.2.3条	✓									
	4	受力钢筋的弯钩和弯折	第5.3.1条	✓									
	5	钢筋弯折后平直段长度	第5.3.2条	✓									
	6	箍筋弯钩形式	第5.3.3条	✓									
	7	卷钢筋调直	第5.3.4条	✓									
一般项目	1	外观质量	第5.2.4条	✓									合格
	2	成型钢筋外观质量	第5.2.5条	✓									
	3 钢筋加工的形状、尺寸	受力钢筋顺长度方向全长的净尺寸/mm	±10	4	5	−1	0	−2	3	2	−1	4	0
		弯起钢筋的弯折位置/mm	±20	10	8	12	−6	−8	15	10	8	7	6
		箍筋外廓尺寸	±5	1	−2	4	1	−2	3	2	−1	4	1

施工单位检查评定结果	专业工长(施工员)		××	施工班组长	××
	检查评定合格				
	项目专业质量检查员：××			×年×月×日	

监理(建设)单位验收结论	同意验收
	专业监理工程师：××
	(建设单位项目专业技术负责人)　　　　　　　　　×年×月×日

内质检软件登记号：47681032

2. 钢筋安装工程检验批质量验收记录表

钢筋安装工程检验批质量验收记录表范例见表6-14。

表 6-14　钢筋安装工程检验批质量验收记录表

（GB 50204—2015）

C01－09－03010602－2001

单位(子单位)工程名称			实训办公楼1#		
分部(子分部)工程名称			地基与基础分部工程	验收部位	独立基础
施工单位			××班级××小组	项目经理	××
施工执行标准名称及编号					

		施工质量验收规范的规定												施工单位检查评定记录	监理(建设)单位验收记录
主控项目	1	钢筋的连接方式	5.4.1条											✓	合格
	2	机械连接和焊接接头的力学性能	5.4.2条											/	
	3	受力钢筋的品种、级别、规格和数量	5.5.1条											✓	
一般项目	1	接头位置	5.4.4条											✓	合格
	2	机械连接、焊接的外观质量	5.4.5条											✓	
	3	机械连接、焊接的接头面积百分率	5.4.6条											/	
	4	绑扎搭接接头面积百分率和搭接长度	5.4.7条											✓	
	5	搭接长度范围内的箍筋	5.4.8条											/	
	6	钢筋安装允许偏差	绑扎钢筋网	长、宽/mm	±10	3	6	5	9	−5	−4	8	2	6	5	合格
				网眼尺寸/mm	±20	6	9	12	−5	−4	12	10	8	5	6	
			绑扎钢筋骨架	长/mm	±10	1	4	3	−2	5	−4	6	−3	−2	1	
				宽、高/mm	±5	−3	−2	1	4	1	−2	1	0	2	3	
			受力钢筋	间距/mm	±10	−3	5	4	1	−1	2	3	5	2	1	
				排距/mm	±5											
				保护层厚度/mm 基础	±10	−3	2	4	−1	2	−1	4	−1	2	1	
				保护层厚度/mm 柱、梁	±5											
				保护层厚度/mm 板、墙、壳	±3											
			绑扎箍筋、横向钢筋间距/mm		±20	−2	8	−13	8	14	12	−8	−2	2	3	
			钢筋弯起点位置/mm		20	12	15	14	8	6	9	12	10	12	8	
			预埋件	中心线位置/mm	5											
				水平高差/mm	+3，0											

90

单位(子单位)工程名称	实训办公楼1#		
施工单位检查 评定结果	专业工长(施工员)	××	施工班组长	××
	检查评定合格 项目专业质量检查员：×年×月×日		
监理(建设)单位 验收结论	同意验收 专业监理工程师： (建设单位项目专业技术负责人)：×年×月×日		

内质检软件登记号：47681032

要点说明

检查、验收是确定钢筋加工、安装是否合格的重要措施。应按照规范要求如实进行验收、填写，发现问题立即整改。

技能巩固

《混凝土结构工程施工质量验收规范》(GB 50204—2015)验收的钢筋内容有哪些？

参考答案

技能拓展

计算图 6-4 所示的构件中钢筋预算长度。

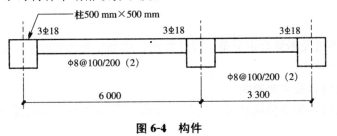

图 6-4　构件

模块七 模板工程

技能要点

1. 模板工程技术及安全技术交底。
2. 各种混凝土构件模板的示意图。
3. 模板材料工程量计算。
4. 模板工程质量验收。

技能目标

1. 各种混凝土构件模板的制作。
2. 各种混凝土构件模板的安装。
3. 各种混凝土构件模板的拆除。
4. 根据规范内容对模板的制作、安装、拆除进行检测。

任务一 模板工程技术交底

一、施工准备

1. 技术准备

(1)熟悉施工图纸及图纸会审记录、设计变更，编制模板工程施工方案，并经审批。

(2)模板设计。

1)模板设计的内容及主要原则。

①模板设计的内容主要包括选型、选材、配板、荷载计算、结构设计和绘制模板施工图等。

②设计的主要原则：实用、安全、经济。

2)模板工程施工前应根据结构施工图、施工现场条件，编制模板工程施工设计，并列入工程施工组织设计。

①绘制配板设计图、相连件和支撑系统布置图、细部结构的详图。

②根据结构构造形式和施工条件确定模板荷载，对模板和支撑系统做力学验算。

③编制模板与配件的规格、品种与数量明细表。

④制订技术及安全措施包括：模板结构安装及拆卸程序，预埋件及预留孔洞的处理方法。

⑤制订模板及配件的周转使用方式与计划。

⑥编写模板工程施工说明书。

木模板及其支架的设计须符合现行国家标准《木结构设计规范》(GB 50005—2017)的规定。

3)模板及其支架的设计应考虑下列各项荷载：

①模板结构自重。

②新浇筑混凝土自重。

③钢筋自重。

④施工人员及施工设备荷载。

⑤振捣混凝土时产生的荷载。

⑥新浇筑混凝土对模板侧面的压力。

⑦倾倒混凝土时产生的荷载。

参与模板及其支架荷载效应组合的各项荷载应符合表 7-1 的规定。

表 7-1　参与模板及其支架荷载效应组合的各项荷载

模板类别	参与组合的荷载项	
	计算承载能力	验算刚度
平板和薄壳的模板及支架	①，②，③，④	①，②，③
梁和拱模板的底板及支架	①，②，③，⑤	①，②，③
梁、拱、柱(边长≤300 mm)、墙(厚≤100 mm)的侧面模板	⑤，⑥	⑥
大体积结构、柱(边长＞300 mm)、墙(厚＞100 mm)的侧面模板	⑥，⑦	⑥

4)当验算模板及其支架的刚度时，最大变形值不得超过下列允许值：

①对结构表面外露(不做装饰)的模板，为模板构件计算跨度的 1/400。

②对结构表面隐蔽(做装饰)的模板，为模板构件计算跨度的 1/250。

③支架的压缩变形值或弹性挠度，宜为相应的结构计算跨度的 1/1 000。当梁板跨度≥4 m时，模板应按设计要求起拱；如设计无要求，起拱高度宜为全长跨度的 1/1 000～3/1 000。

5)模板结构构件承载能力的验算。木模板的构件承载能力验算公式，参见《建筑施工手册》第四版"常用结构计算"中有关"木结构计算公式"内容。

(3)根据经审批的模板工程施工方案及相关规范、标准做好技术、环境、安全交底工作并落实到位。

(4)列出本工程梁、板拆模强度百分比一览表，列出本工程拆模同条件试块及部位一览表，并配平面图，及时做好同条件混凝土试块的试验工作，根据同条件混凝土抗压强度试验报告提供的数据指导拆模工作。

2. 材料准备

(1)木料、木胶合板。

1)木料：模板用木板的厚度为 30 mm，方材规格为 40 mm×90 mm。

2)木胶合板：采用覆塑木胶合板，规格为 1 220 mm×2 440 mm，厚度为 12 mm。

(2)模板隔离剂。

(3)支撑系统：扣件式钢管脚手架，各种定型支柱等。

(4)其他：螺栓、拉杆、柱箍、12 号钢丝、圆钉(钉长应为木板厚度的 1.5～2.5 倍)等。

3. 机具准备

测量仪器、木工多功能机、锯、扳手、线坠、靠尺板、方尺、铁水平、撬棍等。

4. 作业条件

(1)弹好楼层墙边线、柱边线、楼层标高线和模板控制线、门窗洞口位置线，浇筑楼板混凝土时柱根部 200 mm 宽范围模板底口已严格找平。

(2)混凝土接槎处施工缝模板安装前，预先将已硬化混凝土表面的水泥薄膜或松散混凝土及其砂浆软弱层全部剔凿到露石子的程度，并已用水冲洗清理干净。外露钢筋粘有灰浆油污时清理干净。

(3)安装柱模板前将模板表面清理干净，刷好隔离剂，涂刷均匀，不得漏刷，不汪油、不淌油。

(4)柱子钢筋绑扎完毕，绑好塑料卡，并办好隐检手续。

二、施工工艺

1. 基础垫层模板

基础垫层模板施工见模块五的相关内容。

2. 基础侧模

(1)底板侧模采用组合多层板，因为单面支模，确保支模的牢固，并采用支顶和斜拉相结合的方式加以固定。

(2)在底板钢筋上支模时，先在柱插筋上划出标高控制线。

(3)在基础底板上按模板底口标高焊出支撑钢筋，支撑钢筋与底板连接应用电弧焊，不能用电弧点焊。

3. 柱模板

(1)工艺流程：弹柱位置线及模板外控制线→沿柱皮外侧 5 mm 贴 20 mm 宽海绵条→安装柱模板→安柱箍→安装拉杆或斜撑→办理柱模预检→验收。

(2)操作工艺。

1)在保证楼板混凝土尤其是柱子周围 200 mm 宽范围充分平整的基础上，弹好柱皮线和模板控制线，在柱皮外侧 5 mm 贴 20 mm 宽海绵条，以保证下口及接缝严密。

2)安装柱模板：通排柱，先安装两边柱，经校正、固定，再拉通线安装中间各柱。模板按柱子大小，预拼成一面一片(一面的一边带两个角模)，或两面一片就位后先用钢丝与主筋绑扎临时固定，用 U 形卡将两侧模板连接卡紧，安装完两面再安装另外两面模板。

3)安装柱箍：木模板用螺栓、方木制作钢木箍，根据侧压力大小在模板设计时确定柱箍尺寸间距。根据柱断面大小、柱箍尺寸、间距，还应计算柱面挠度，必要时加柱断面对拉螺栓。

4)安装柱箍的拉杆或斜撑。柱模每边设两根拉杆，固定于事先预埋在楼板的钢筋环上，用经纬仪控制，用花篮螺栓调节校正模板垂直度。拉杆与地面宜为 45°，预埋的钢筋环与柱距离宜为 3/4 柱高。

5)将柱模板内清理干净，封闭清理口，办理柱模预检。注意垃圾清扫口宜在柱根脚部留，且对角各留一个。

6)按照放线位置，在柱内四边距离地面为 50～80 mm 处事先已插入混凝土楼板长为 200 mm 的 $\phi18$ 的短筋上焊接支杆，从四面顶柱模板，以防止位移。

4. 梁模板

(1)工艺流程：弹线→土地面夯实→安门窗洞口模板→调装支柱的标高→安装梁板支撑体系→安装梁底模板并按规范要求起拱→绑梁钢筋→安装侧模→办预检→验收。

(2)操作工艺。

1)柱子拆模后在混凝土表面弹出轴线和水平线。

2)安装梁钢支柱之前，土地面必须夯实，支柱下垫通长木板。梁支柱采用单排，支柱的间距以 600～1 000 mm 为宜，支柱上面垫 40 mm×90 mm 方木，支柱双向加剪刀撑和水平拉杆，距离地面 500 mm 设一道。

3)按设计标高调整支柱的标高，然后安装梁底板，并拉线找直，梁底板起拱，当梁跨度≥4 m 时，梁底板按设计要求起拱，如无设计要求时，梁底板起拱高度宜为全跨长度的 1/1 000～3/1 000。

4)绑扎梁钢筋，经检查合格后办理隐检，并清除杂物，安装侧模板，把两侧模板与底板用 U 形卡连接，并贴 10 mm 宽海绵条，使之接缝严密。

5)用梁托架或三脚架支撑固定梁侧模板，注意梁侧模根部一定要严格顶梁。龙骨间距宜为 750 mm，梁模板上口用定型卡子固定。

6)安装后校正梁中线、标高、断面尺寸。将梁模板内杂物清理干净，梁端为清扫口暂不封堵。经班组自检合格后办预检。

5. 楼板模板

(1)工艺流程：土地面夯实→安装支柱→安装主次龙骨→铺楼板底模→校正标高→加支柱之间的水平拉杆→办预检→验收。

(2)操作工艺。

1)土地面夯实，并垫通长木板。楼层地面立支柱前也应垫通长木板，采用多层支架支模时，支柱应垂直，上、下层支柱应在同一竖向中心线上，严格按各开间支撑布置图支模。

2)从边跨一侧开始安装，先安装第一排龙骨和支柱，临时固定再安装第二排龙骨和支柱，依次逐排安装。支柱与龙骨间距根据模板设计规定，一般支柱间距为 800～1 200 mm，大龙骨间距为 600～1 200 mm，小龙骨间距为 300～600 mm(注意尽量减少大、小龙骨的悬挑尺寸，这与支柱第一排与墙的距离有关)。

3)调节支柱高度，将大龙骨找平。

4)铺楼板底模，楼板底模采用竹胶板，竹胶板板缝采用硬拼，保证拼缝严实，不漏浆。顶板模板与四周墙体或柱头交接处加粘海绵条防止漏浆。

5)平台板铺完后，用水平仪测量模板标高，进行校正，并用靠尺找平。

6)标高校正完成后，支柱之间加水平拉杆。根据支柱高度决定水平拉杆设几道。一般情况下，距离地面 200～300 mm 处设一道，往上纵横方向每隔 1 600 mm 左右设一道。脚手架经计算横杆间距可采用 900 mm、1 200 mm 等。

7)木模板严格控制楼梯休息平台、踏步标高和楼梯的几何尺寸及倾斜角度。支模时要考虑踏步、平台、楼板面层装修厚度的不同，留好预留量。楼梯休息平台留缝时用齿形缝，留在板跨中部 1/3 范围位置内，且留出梁及梁板支座位置。

8)将模板内杂物清理干净，办理预检手续。

6. 模板拆除

模板拆除应依据设计和规范强度要求，并且现场宜留设拆模同条件试块，含侧模、底模、外墙挂施工脚手架和楼板混凝土的上人强度。墙、柱、梁模板应优先考虑整体拆除，便于整体转移后，重复进行整体安装。

（1）柱模板拆除：先拆掉柱斜拉杆或斜支撑，卸掉柱箍，再把连接每片柱板的 U 形卡拆掉，然后用撬棍轻轻撬动模板，使模板与混凝土脱离。

（2）楼板、梁模板拆除：先拆掉梁侧模，再拆除楼板模板，楼板模板拆模先拆掉水平拉杆，然后拆除支柱，每根龙骨留 1～2 根支柱暂时不拆。

（3）操作人员站在已拆除的空隙，拆去近旁余下的支柱使其龙骨自由坠落。

（4）用钩子将模板钩下，等该段的模板全部脱落后，集中运出，集中堆放。

（5）侧模板（包括柱模板）拆除时应保证其表面及棱角不因拆除模板而受损坏（拆模强度常温下取 1.2 MPa 且无大气温度骤变时可控制 10 天）。

（6）对拆下模板上的黏结物要及时进行清理，涂刷隔离剂，对拆下的扣件要及时进行集中收集管理。

（7）即使混凝土已达到 100％强度，上面拆模时也要注意临时堆放模板是否超过混凝土楼板允许使用荷载，做好验算，以免压坏楼板。

三、质量标准

1. 主控项目

（1）模板及其支架必须有足够的强度、刚度和稳定性，其支架的支撑部分必须有足够的支撑面积。安装在基土上时，基土必须坚实并有排水措施。

（2）安装现浇结构的上层模板及支架时，下层楼板应具有承受上层荷载的能力，并加设支架，将上、下层支架的立柱对准，并铺设垫板。

（3）在涂刷模板隔离剂时，不得沾污钢筋与混凝土接槎处。

2. 一般项目

（1）模板安装应满足下列要求：

1）模板的接缝不漏浆。在浇筑混凝土前，木模板应浇水湿润，但模板内不应有积水。

2）模板与混凝土接触面应清理干净并需涂刷隔离剂，但不得采用影响结构性能或妨碍装饰工程施工的隔离剂。

3）浇筑混凝土前，模板内的杂物应清理干净。

（2）对跨度不小于 4 m 的现浇钢筋混凝土梁、板，其模板应按设计要求起拱。当设计无具体要求时，起拱高度宜为跨度的 1/1 000～3/1 000。

（3）固定在模板上的预埋件、预留孔和预留洞均不得遗漏，且应安装牢固，其偏差应符合表 7-2 的规定。

表 7-2　预埋件和预留孔洞的允许偏差

项目	允许偏差/mm
预埋板中心线位置	3
预埋管、预留孔中心线位置	3

项目		允许偏差/mm
插筋	中心线位置	5
	外露长度	+10,0
预埋螺栓	中心线位置	2
	外露长度	+10,0
预留洞	中心线位置	10
	尺寸	+10,0

(4)现浇结构模板安装的允许偏差应符合表7-3的规定。

表7-3　现浇结构模板安装的允许偏差

项目		允许偏差/mm	检验方法
轴线位置		5	尺量
底模上表面标高		±5	水准仪或拉线、尺量
模板内部尺寸	基础	±10	尺量
	柱、梁、墙	±5	尺量
	楼梯相邻踏步高差	±5	尺量
垂直度	柱、墙层高≤6 m	8	经纬仪或吊线、尺量
	柱、墙层高>6 m	10	经纬仪或吊线、尺量
相邻两板表面高差		2	尺量
表面平整度		5	2 m靠尺和塞尺检查

四、成品保护

保持模板本身的整洁及配套设备零件的齐全，模板及零配件设专人保管和维修，并要按规格、种类分别存放或装箱。

(1)模板吊运就位时要平稳、准确，不得碰撞墙体及其他施工完毕的部位，不得兜挂钢筋。

(2)安装和拆除模板时不得抛扔，以免损坏板面或造成板面变形。

(3)工作面已安装完毕的柱模板，不准在预组拼模板就位前作为临时倚靠，防止模板变形或产生垂直偏差。工作面已完成的平面模板不得作为临时堆料和作业平台，以保证支架的稳定，防止平面模板标高和平整度产生偏差。

(4)振捣混凝土时，不得用振捣棒触动板面。绑扎焊接钢筋时，不得砸坏和烧坏胶合板。

(5)施工楼层不得长时间存放模板，当模板临时在施工楼层存放时，必须有可靠的防倾倒措施。

(6)拆下的模板应及时清除灰浆。难以清除时，可采用模板除垢剂清除，不准敲砸。清除好的模板必须及时涂刷隔离剂，开孔部位涂封边剂。模板的连接件，配件应经常进行清理检查，对损坏、断裂的部件要及时挑出，螺纹部位要整修后涂油。拆下来的模板，如发现翘曲、变形应及时进行修理。破损的板面须及时进行修补。

(7)模板存放在室内或敞棚内干燥通风处，露天堆放时要加以覆盖。模板底层设垫木，使空气流通，防止受潮。

五、应注意的质量问题

(1)模板制作选材时，同一块模板上的背楞厚度、胶合模板厚度分别一致，以保证混凝土成型质量。

(2)根据混凝土侧压力选用模板背楞截面及背楞间距，以保证柱模板的整体刚度，防止胀模。

(3)柱模板校正、加固时，每块模板设置2根斜撑(或拉锚)，并对相邻2片模板上口往下分别吊线，找垂直、找方。浇筑混凝土后，应对柱进行微调校正，防止柱身扭向。

(4)在柱模板下口设置清扫口，防止柱夹渣、烂根。

(5)模板制作时，应精心选材，保证龙骨和面板材料厚度一致。

(6)梁底模板安装时应拉通线，防止模板位移，以保证各开间梁在一条直线上。

(7)在安装梁模板时，留置清扫口，防止出现梁底夹渣。

(8)相邻梁板模板拼缝严密顺直，防止漏浆。

(9)楼板模板与墙交界处用刨平直的方木，粘贴海绵条后与墙面顶紧，以防止漏浆。

要点说明

(1)模板是使新拌混凝土在浇筑过程中保持设计要求的位置尺寸和几何形状，使之硬化成为钢筋混凝土结构或构件的模型。

(2)木模板与钢模板相比，质量轻，易加工，装拆方便，施工性能好，可减少拼缝，但周转使用率较低。

任务二 木模板安装与拆除安全技术交底

(1)进入作业现场必须按规定正确佩戴安全防护用品，服从实习实训指导教师及小组安全员指挥。

(2)工作区域内划出警戒线，小组派专人看护，不准人员、车辆进入警戒线内。

(3)施工所用工具、钉子装在木盒中，不准乱扔、乱放。

(4)木工机械必须由学校电工接装电源、闸箱、漏电开关。检查线路、接头、零线及绝缘情况，电源线不得有接头，并经试转确认安全后方可作业。完毕后由学校电工拆动。

(5)木模板安装部分。

1)模板支撑材料质量合格，支撑根数、支撑过程合格。

2)按施工工序进行，模板没有固定前，不得进行下道工序作业。严禁利用拉杆、支撑攀登上下。

3）支撑、拉杆等不准连接在脚手架上，混凝土浇筑时，派专人看护、检查，发现问题要及时处理。

4）基础部分模板施工时，人员上下基坑必须走木梯。

5）柱、梁模板施工必须搭设稳定、牢固的临时脚手架。二层以上模板施工必须在脚手架上挂好安全网。

（6）木模板拆除部分。

1）拆模前，检查建筑物周围安全网防护围蔽是否合格。

2）操作时按顺序分段进行，采用长撬杠，严禁人员站在正拆除的模板下。在拆除楼板模板时，要注意防止整块模板掉下。

3）拆模间歇时，将已活动的模板、拉杆、支撑等固定牢固。

4）拆除的模板、支撑等及时运送到指定地点集中堆放。

5）模板拆除完工后，将构件表面的预留洞口盖严。

任务三　模板示意图

1. 基础模板

基础模板示意如图 7-1 所示。

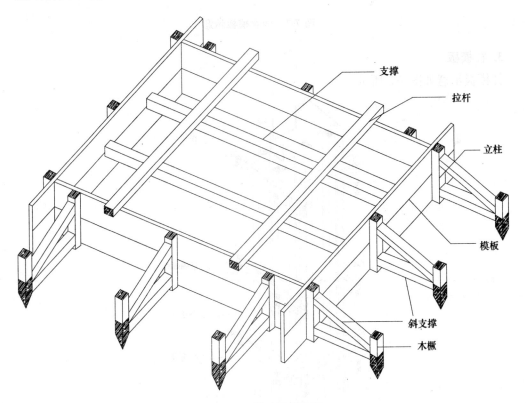

图 7-1　基础模板示意

2. 地梁模板

地梁模板示意如图 7-2 所示。

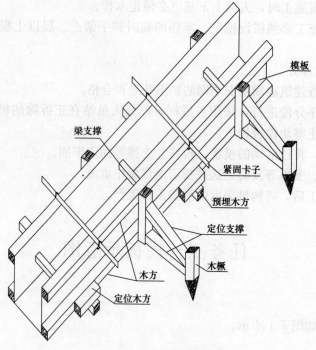

图 7-2　地梁模板示意

3. 柱模板

柱模板示意如图 7-3 所示。

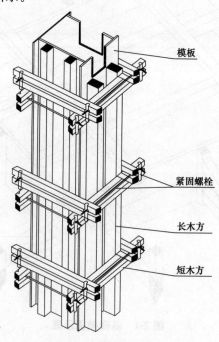

图 7-3　柱模板示意

4. 楼梯模板

楼梯模板示意如图 7-4 所示。

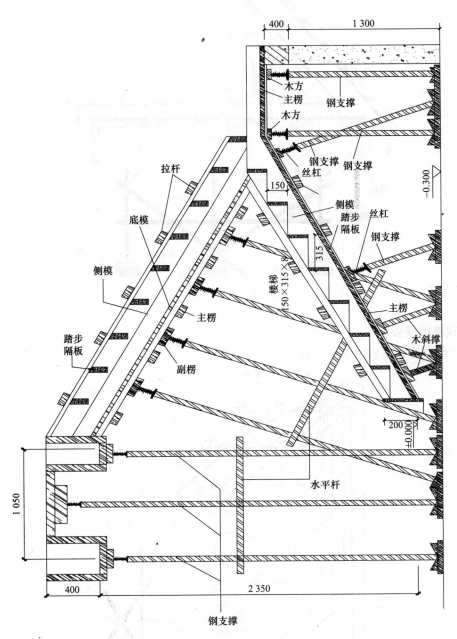

图 7-4　楼梯模板示意

5. 梁模板

梁模板示意如图 7-5 所示。

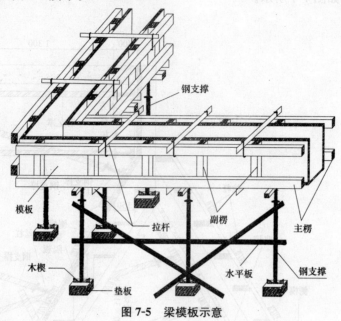

图 7-5　梁模板示意

6. 现浇板模板

现浇板模板示意如图 7-6 所示。

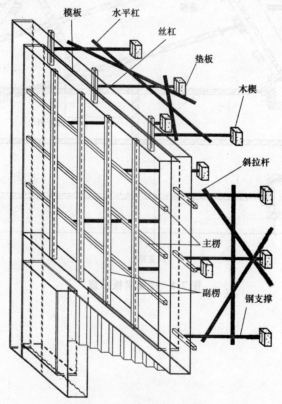

图 7-6　现浇板模板示意

任务四 工程量计算

1. 模板工程材料汇总表

模板工程材料汇总表见表7-4。

表7-4 模板工程材料汇总表

材料名称	规格	单位	数量
模板	1 220 mm×2 440 mm	m²	124.57
木方	40 mm×90 mm	m³	2.4
钉子	综合	kg	5
紧固螺栓	1.20 m	个	96
铅丝	12#	kg	6
丝杠	600 mm	个	76
木楔	自制	个	148
钢管	1.1 m	根(m)	6(6.6)
钢管	1.2 m	根(m)	3(3.6)
钢管	1.8 m	根(m)	28(50.4)
钢管	2.0 m	根(m)	6(12)
钢管	2.2 m	根(m)	51(112.2)
钢管	2.3 m	根(m)	20(46)
钢管	2.5 m	根(m)	17(42.5)
钢管	2.6 m	根(m)	6(15.6)
钢管	3.0 m	根(m)	1(3)
钢管	5.5 m	根(m)	2(11)
钢管	6.0 m	根(m)	3(18)
扣件	直角	个	58
扣件	旋转	个	34
柱箍	自制	个	14

2. 模板工程量计算

(1)基础模板。

J-1(5 个): $(1.30+1.30) \times 2 \times 0.20 \times 5 = 5.20 (m^2)$。

J-2(1 个): $(1.30+2.355) \times 2 \times 0.20 = 1.46 (m^2)$。

基础模板合计: $S = 5.20 + 1.46 = 6.66 (m^2)$。

(2)地梁模板。

$S = [(4.75-0.125 \times 2) \times 2 + (2.75-0.125 \times 2) \times 2 + (2.50-0.125 \times 2)] \times 0.30 \times 2$
$= 9.75 (m^2)$。

(3)柱模板。

一层柱:

KZ-1(4 个): $(0.25+0.25) \times 2 \times (3.05-0.40) \times 4 = 10.60 (m^2)$。

KZ-2(3 个): $(0.25+0.25) \times 2 \times (3.05-0.40) \times 2 = 5.30 (m^2)$。

$(0.25+0.25) \times 2 \times (1.70-0.40) \times 4 = 5.20 (m^2)$。

二层柱:

KZ-1(4 个): $(0.25+0.25) \times 2 \times (2.75-0.40) \times 4 = 9.40 (m^2)$。

柱模板合计: $S = 10.60 + 5.30 + 5.20 + 9.40 = 30.50 (m^2)$。

(4)梁模板。

2.65 m 层梁模板:

梁长统计: KL1(2.5 m) + KL2(1)(2.25 m) + KL3(2)(2.50 m) + KL4(1)(4.50 m) + KL5(1)(4.50 m) + L1(4.50 m) + 2 KL1(1)(0.78 m) = 21.53 (m)。

梁模板面积: $S = 21.53 \times (0.20+0.40 \times 2) = 21.53 (m^2)$。

5.40 m 层梁模板:

WKL1: $(2.75-0.125 \times 2) \times 2 \times (0.20+0.30 \times 2) = 4.00 (m^2)$。

WKL2、WKL3: $(4.75-0.125 \times 2) \times 2 \times (0.20+0.40 \times 2) = 9.00 (m^2)$。

梁模板合计: $S = 21.53 + 4.00 + 9.00 = 34.53 (m^2)$。

(5)现浇板模板。

一层现浇板:

$S = (4.75-0.075 \times 2) \times (2.75-0.075 \times 2) + (1.05-0.10-0.075)$
$= 12.84 (m^2)$。

二层现浇板:

$S = (4.75-0.125 \times 2) \times (2.75-0.125 \times 2)$
$= 11.25 (m^2)$。

现浇板模板合计: $S = 12.84 + 11.25 = 24.09 (m^2)$。

(6)楼梯模板。

$S = 4.50 \times 2.35 = 10.58 (m^2)$。

任务五 模板工程质量验收

模板安装工程检验批质量验收记录表范例见表 7-5。

表7-5　模板安装工程检验批质量验收记录表(范例)
(GB 50204—2015)

C01－9－03010602－1003

单位(子单位)工程名称				实训办公楼1#								
分部(子分部)工程名称				地基与基础分部工程			验收部位			独立基础		
施工单位				××班级××小组			项目经理			××		
施工执行标准名称及编号												

		施工质量验收规范的规定		施工单位检查评定记录								监理(建设)单位验收记录
主控项目	1	模板及支架用材料		第4.2.1条	✓							
	2	模板及支架的安装质量		第4.2.2条	✓							合格
	3	后浇带处的模板及支架		第4.2.3条	✓							
	4	支架竖杆和竖向模板安装		第4.2.4条	✓							
一般项目	1	模板安装质量		第4.2.5条	✓							
	2	隔离剂		第4.2.6条	/							合格
	3	模板起拱		第4.2.7条	/							
	4	预埋件、预留孔允许偏差	预埋板中心线位置/mm	3								
			预埋管、预留孔中心线位置	3								
			插筋 中心线位置/mm	5								
			插筋 外露长度/mm	+10，0								
			预埋螺栓 中心线位置/mm	2								
			预埋螺栓 外露长度/mm	+10，0								
			预留洞 中心线位置/mm	10								
			预留洞 尺寸/mm	+10，0								
	5	模板安装允许偏差	轴线位置/mm	5	2	1	3	2	1	0	1 4 1	
			底模上表面标高/mm	±5								
			截面内部尺寸/mm 基础	±10	−5	4	7	−4	5	6	2 −3 1	
			截面内部尺寸/mm 柱、墙、梁	±5								
			楼梯相邻踏步高差	±5								
			垂直度/mm 柱、墙层高≤6m	8								
			垂直度/mm 柱、墙层高>6m	10								
			相邻两板表面高差/mm	2								
			表面平整度/mm	5								

施工单位检查评定结果	专业工长(施工员)	××	施工班组长	××
	检查评定合格			
	项目专业质量检查员：××		×年×月×日	

监理(建设)单位验收结论	同意验收
	专业监理工程师：××
	(建设单位项目专业技术负责人)　　　　　　　　×年×月×日

内质检软件登记号：47681032

模板制作与安装时应保证在荷载作用下不发生沉陷、变形或产生破坏。

检查、验收是确定模板制作、安装、拆除是否合格的重要措施。应按照规范要求如实进行验收、填写，发现问题立即整改。

技能巩固

《混凝土结构工程施工质量验收规范》(GB 50204—2015)验收模板的内容有哪些？

参考答案

技能拓展

在木模板安装中，对于钉子的使用有哪些要求？

模块八　混凝土工程

1. 混凝土工程技术及安全技术交底。
2. 实际施工用配合比计算，混凝土体积计算。
3. 基础轴线标高检查。
4. 高程传递、内控法向上引线。
5. 混凝土施工、外观及尺寸验收。
6. 钢筋保护层，混凝土强度检测。

1. 自拌混凝土搅拌、振捣、养护的施工。
2. 商品混凝土振捣、养护的施工。
3. 根据规范内容对混凝土的施工、外观及尺寸、钢筋保护层、混凝土强度进行检测。
4. 混凝土孔洞的封堵施工。

任务一　混凝土工程技术交底

一、施工准备

1. 技术准备

(1)熟悉施工图纸及图纸会审记录、设计变更，编制混凝土施工方案，并经审批。

(2)根据设计混凝土强度等级、施工条件、施工部位、施工气温、浇筑方法、使用水泥、集料，确定各种类型混凝土强度等级的所需坍落度和初凝、终凝时间，委托有试验资质的试验室完成混凝土配合比设计。

(3)现场搅拌混凝土由具有试验资质的试验室提供混凝土配合比，并根据现场材料的含水率调整混凝土施工配合比。预拌混凝土应有出厂合格证。

(4)在施工前已编制详细的混凝土施工方案，明确流水作业划分、浇筑顺序、混凝土的运输和布料、作业进度计划、工程量等并分级进行施工安全、技术交底工作。

(5)确定浇筑混凝土所需的各种材料、机具、人员安排，以满足施工需要。

(6)确定混凝土的搅拌能力是否满足连续浇筑的需求。

(7)已完成模板的预检工作，并进行标高、轴线、模板的技术复核。

(8)施工前做好试块的留置计划和制作准备工作。

(9)进行测量放线,测出浇筑部位结构标高控制点,并标示在相应位置,用以控制浇筑高度。

2. 材料准备

(1)水泥:普通硅酸盐水泥,强度等级为42.5。

(2)细集料:中砂。

(3)粗集料:碎石,粒径为5～31.5 mm。

(4)水:采用饮用水。

(5)拌合物:无。

3. 机具准备

混凝土搅拌机、插入式振动器(由外聘专业人员自备)、胶皮管、手推车、溜槽、平锹、铁钎、抹子、铁插尺、混凝土坍落度筒、混凝土标准试模、靠尺、塞尺、水准仪、经纬仪等。

4. 作业条件

(1)进场所有的原材料经见证取样试验检查,全部符合设计配合比通知单所提出的要求。

(2)根据原材料及设计配合比进行混凝土配合比检验,满足坍落度、强度及耐久性等方面要求。

(3)对新下达的混凝土配合比,进行开盘鉴定,并符合要求。

(4)搅拌机及其配套的设备已经试运行,安全可靠。由外聘专业人员随时检修。电源及配电系统符合要求,安全可靠。

(5)所有计量器具必须具有经检定的有效期标识。计量器具灵敏可靠,并按施工配合比设专人定磅。

(6)试验室已下达混凝土配合比通知单,并根据现场实际使用材料和含水量及设计要求,经试验测定,将其转换为每盘实际使用的施工配合比,公布于搅拌配料地点的标牌上。

(7)混凝土分项工程施工前应对需进行隐蔽验收的项目组织验收,隐蔽验收的各项记录和图示必须有监理(建设)单位、施工单位签字、盖章,并有结论性意见。浇筑混凝土层段的模板、钢筋等全部安装完毕,并经检查核实其位置、数量及固定情况等符合设计要求,且已办完隐检手续。

(8)钢筋的位置如有偏差应予纠正完毕,钢筋上的油污等已清除干净。

(9)浇筑层柱根部松散混凝土已在支设模板前剔除清净。检查模板下口、洞口及角模板处拼接是否严密,边角柱加固是否可靠,各种连接件是否牢固。检查并清理模板内残留杂物,用水冲净。柱子模板的清扫口在清除杂物及积水后封闭完成。木模在混凝土浇筑前洒水湿润。

(10)进行配合比、操作规程和安全技术交底。

(11)现场已准备足够的水泥、碎石、砂等材料,能满足混凝土连续浇筑的要求。

(12)浇筑混凝土所必需的脚手架已经搭设,经检查符合施工需要和安全要求。

(13)检查电源、线路。

二、施工工艺

1. 现浇梁、板混凝土结构

(1)工艺流程：混凝土搅拌→混凝土运输、泵送与布料→混凝土浇筑→混凝土振捣→混凝土养护→验收。

(2)操作工艺。

1)混凝土搅拌。

①混凝土的搅拌要求。

a. 搅拌混凝土前，宜将搅拌筒充分润滑。搅拌第一盘时，宜按配合比减少粗集料用量。在全部混凝土卸出之前不得再投入拌合料，更不得采取边出料边进料的方法进行搅拌。

b. 混凝土搅拌中必须严格控制水胶比和坍落度，未经试验人员同意严禁随意加减用水量。

c. 混凝土的水泥计量：采用袋装水泥，抽查 10 袋水泥的平均质量，并以每袋水泥的实际质量，按设计配合比确定每盘混凝土的施工配合比。

混凝土搅拌的装料顺序：粗集料→水泥→细集料。

②混凝土拌制中要进行下列检查：

a. 检查拌制混凝土所用原材料的品种、规格和用量，每一个工作班至少 2 次。

b. 检查混凝土的坍落度及和易性，每一个工作班至少 2 次。

c. 混凝土的搅拌时间随时检查。

2)混凝土运输。混凝土以最短时间，从搅拌地点运到浇筑地点。混凝土的延续时间不宜超过规范规定。

3)混凝土浇筑。

①混凝土浇筑时的坍落度。

a. 预拌混凝土由试验员随机检查坍落度，并做好记录。

b. 现场搅拌混凝土按技术方案要求检查混凝土坍落度，并做好记录。

②混凝土的浇筑。

a. 混凝土自吊斗口下落的自由倾落高度不宜超过 2 m。

b. 梁、板同时浇筑，浇筑方法应由一端开始用"赶浆法"，即先浇筑梁，根据梁高分层阶梯形浇筑，当达到板底位置时再与板的混凝土一起浇筑，随着阶梯形不断延伸，梁板混凝土浇筑连续向前进行。

c. 梁、柱节点钢筋较密时，浇筑此处混凝土宜用小粒径石子同强度等级的混凝土浇筑，并用小直径振捣棒振捣。

d. 浇筑板混凝土的虚铺厚度略大于板厚，用插入式振捣器振捣，并用铁插尺检查混凝土厚度，振捣完毕后用木抹子抹平。插筋处用木抹子找平。浇筑板混凝土时严禁用振捣棒铺摊。

e. 楼梯段混凝土自下而上浇筑，先振实底板混凝土，达到踏步位置时再与踏步混凝土一起浇捣，不断连续向上推进，并随时用木抹子将踏步上表面抹平。

③泵送混凝土的浇筑顺序。

a. 当采用输送管输送混凝土时，应由远而近浇筑。

b. 同一区域内的混凝土，应按照先竖向结构后水平结构的顺序，分层连续浇筑。

c. 当不允许留施工缝时，区域之间、上下层之间的混凝土浇筑间歇时间，不得超过混凝土的初凝时间。

4)混凝土振捣(使用插入式振动器)。

①使用前，检查各部件是否完好，各连接处是否紧固，电动机绝缘是否可靠，电压和频率是否符合规定，检查合格后，方可接通电源进行试运转。

②作业时，要使振动棒自然沉入混凝土，不得用力猛插，宜垂直插入，并插到尚未初凝的下层混凝土中 50～100 mm，以使上下层相互结合。

③振动棒各插点间距应均匀，插点间距不应超过振动棒有效作用半径的 1.25 倍，最大不超过 50 mm。振捣时，应"快插慢拔"。

④振动棒在混凝土内振捣时间，每插点为 20～30 s，见到混凝土不再显著下沉，不出现气泡，表面泛出水泥浆和外观均匀为止。振捣时将振动棒上下抽动 50～100 mm，使混凝土振实均匀。

⑤作业中要避免将振动棒触及钢筋等，更不得采取通过振动棒振动钢筋的方法来促使混凝土振实。作业时振动棒插入混凝土中的深度不应超过棒长的 2/3～3/4，更不宜将软管插入混凝土中，以防水泥浆侵蚀软管而损坏机件。

⑥振动器在使用中如温度过高，立即停机冷却检查。振动器软管的弯曲半径不得小于 500 mm，并不得多于两个弯。软管不得有断裂、死弯现象，若软管使用过久，长度变长时，应及时进行更换。

⑦振动器不得在初凝的混凝土上及干硬的地面上试振。

⑧严禁用振动棒撬动钢筋和模板，或将振动棒当锤使用。不得将振动棒头夹到钢筋中。移动振动器时，必须切断电源，不得用软管或电缆线拖拉振动器。

⑨作业完毕，将电动机、软管、振动棒擦刷干净，按规定要求进行保养作业。振动器放在干燥处，不要堆压软管。

5)混凝土的养护。

①浇筑完毕后，为保证已浇筑好的混凝土在规定龄期内达到设计要求的强度，防止其产生收缩，应按施工技术方案及时采取有效的养护措施，并符合下列规定：

a. 在浇筑完毕后的 12 h 以内对混凝土加以覆盖并保湿养护。

b. 混凝土浇水养护的时间：普通硅酸盐水泥拌制的混凝土不得少于 7 d。

c. 浇水次数能保持混凝土处于湿润状态。混凝土养护用水与拌制用水相同。混凝土强度达到 1.2 N/mm² 前，不得在其上踩踏或安装模板及支架。

②正温下施工养护方法。塑料薄膜布养护：用薄膜把混凝土表面敞露的部分全部严密地覆盖起来，保证混凝土在不失水的情况下得到充足的养护，保持薄膜布内有凝结水。

2. 现浇混凝土结构柱

(1)工艺流程：混凝土搅拌→混凝土运输→柱混凝土浇筑与振捣→混凝土养护→验收。

(2)操作工艺。

1)混凝土搅拌。参见上述"1.(2)1)"的相关内容。

2)混凝土运输。参见上述"1.(2)2)"的相关内容。

3)混凝土浇筑与振捣。参见上述"1.(2)3)4)"的相关内容。

4)柱的混凝土浇筑还应符合以下要求：

①柱混凝土分层振捣，使用插入式振动器的每层厚度不大于 500 mm，并边投料边振捣（可先将振动棒插入柱底部，使振动棒产生振动，再投入混凝土），振动棒不得触动钢筋。除上面振捣外，下面要有人随时敲打模板。在浇筑柱混凝土的全过程中注意保护钢筋的位置，要随时检查模板是否变形、位移，螺栓和拉杆是否有松动、脱落，以及漏浆等现象，并有专人进行管理。

②柱高在 3 m 以内，可在柱顶直接下料进行浇筑。

③柱混凝土一次浇筑完毕。

④浇筑完毕后，随时将伸出的搭接钢筋整理到位。

3. 混凝土试块留置

(1)每拌制 100 盘且不超过 100 m³ 的同配合比的混凝土，其取样不得少于一次。

(2)现浇结构每一现浇楼层同配合比的混凝土，其取样不得少于一次；同一单位工程每一验收项目中同配合比的混凝土，其取样不得少于一次。

(3)每次取样至少留置一组标准试块。对涉及混凝土结构安全的重要部位(一般指梁、板等结构构件)，与监理(建设)、施工等单位共同确定留置结构实体检验用同条件养护试件，一般每一个工程同一强度等级的混凝土，在留置结构实体检验用同条件养护试件时，根据混凝土量和结构重要性确定留置数量，一般不宜少于 10 组，且不应少于 3 组。

(4)同条件养护试块留置组数根据以下用途确定，每种功能的试块不少于 1 组：

1)用于检测等效混凝土强度。

2)用于检测拆模时的混凝土强度。

三、质量标准

1. 主控项目

(1)水泥进场时对其品种、级别、包装、出厂日期等进行检查，并对其强度、安定性及其他必要的性能指标进行复验，其质量必须符合标准的规定。

(2)结构混凝土的强度等级必须符合设计要求。用于检查结构构件混凝土强度的试件，在混凝土的浇筑地点随机抽取。

(3)现浇结构的外观质量不应有严重缺陷。对已经出现的严重缺陷，由施工单位提出技术处理方案，并经监理(建设)单位认可后进行处理。对经过处理的部位，重新检查验收。

(4)现浇结构不应有影响结构性能和使用功能的尺寸偏差。对超过尺寸允许偏差且影响结构性能和安装、使用功能的部位，由施工单位提出技术处理方案，并经监理(建设)单位认可后进行处理。对经过处理的部位，重新检查验收。

(5)预拌混凝土除在预拌混凝土厂内按规定留置试块外，混凝土运到现场后，还应按混凝土试块留置要求留置试块。

(6)混凝土运输、浇筑及间歇的全部时间不得超过混凝土的初凝时间。同一施工段的混凝土连续浇筑，应在底层混凝土初凝之前将上一层混凝土浇筑完毕。

(7)设计不允许裂缝的结构，严禁出现裂缝，设计允许裂缝的结构，其裂缝宽度必须符合设计要求。

2. 一般项目

(1)混凝土的强度应按现行国家标准《混凝土强度检验评定标准》(GB/T 50107—2010)的规定分批检验评定。

(2)检验评定混凝土强度用的混凝土试件的尺寸及强度的尺寸换算系数按表 8-1 取用。其标准成型方法、标准养护条件及强度试验方法应符合普通混凝土力学性能试验方法标准的规定。

表 8-1 混凝土试件尺寸及强度的尺寸换算系数

集料最大粒径	试件尺寸/(mm×mm×mm)	强度的尺寸换算系数
≤31.5	100×100×100	0.95
≤40	150×150×150	1.00
≤63	200×200×200	1.05

注：对强度等级为 C60 以上的混凝土试件，其强度的尺寸换算系数可通过试验确定。

(3)梁、板的拆模强度，根据同条件养护的标准尺寸试件的混凝土强度确定。

(4)当混凝土试件强度评定不合格时，应采用非破损的检测方法，按照现行有关标准的规定对结构构件中的混凝土强度进行推定，并作为处理的依据。

(5)现浇结构的外观质量缺陷，由监理(建设)单位、施工单位等根据其对结构性能和使用功能影响的严重程度，按《混凝土结构工程施工质量验收规范》(GB 50204—2015)的相关规定。

(6)结构拆模后，由监理(建设)单位、施工单位对外观质量和尺寸偏差进行检查，做出记录，并及时按施工技术方案对缺陷进行处理。

(7)现浇结构的外观质量不宜有一般缺陷。对已经出现的一般缺陷，由施工单位按技术处理方案进行处理，并对处理过的部位，重新检查验收。

(8)首次使用的混凝土配合比进行开盘鉴定，其工作性应满足设计配合比的要求。开始生产时应至少留置一组标准养护试件，作为验证配合比的依据。

(9)混凝土浇筑完毕后，按施工技术方案及时采取有效的养护措施。

(10)混凝土应振捣密实，不得有蜂窝、孔洞、露筋、缝隙、夹渣等缺陷。

四、成品保护

(1)施工中，不得用重物冲击模板，不准在吊帮的模板和支撑上搭脚手板，以保证模板牢固、不变形。

(2)要保证钢筋和垫块的位置正确，不得踩踏钢筋，不碰动插筋。

(3)侧模板在混凝土强度能保证其棱角和表面不受损伤时，方可拆模。

(4)混凝土浇筑完毕后，待其强度达到 1.2 MPa 以上，方可在其上进行下一道工序施工。

(5)已浇筑的混凝土要加以保护，必须在混凝土强度达到标准时进行拆模操作。

(6)预留插筋，在浇筑混凝土过程中，不得碰撞，或使之产生位移。

(7)按设计要求预留孔洞，不得以后凿洞埋设。

(8)混凝土浇筑、振捣至最后完工时，要保持甩出钢筋的位置正确。

(9)保护好预留孔洞。

五、应注意的质量问题

(1)蜂窝：蜂窝形成的原因是混凝土一次下料过厚，振捣不实或漏振，模板有缝隙使水泥浆流失，钢筋较密而混凝土坍落度过小或石子过大，柱根部模板有缝隙，以致混凝土中的水泥浆从下部涌出而造成的。

(2)露筋：原因是钢筋垫块位移、间距过大、漏放、钢筋紧贴模板，造成露筋，或梁、板底部振捣不实，也可能出现露筋。

(3)麻面：拆模过早或模板表面漏刷隔离剂或模板湿润不够，构件表面混凝土易黏附在模板上造成麻面脱皮。

(4)孔洞：孔洞形成的原因是钢筋较密的部位混凝土被卡，未经振捣就继续浇筑上层混凝土。

(5)缝隙与夹渣层：施工缝处杂物清理不净或未浇底浆等原因，易造成缝隙、夹渣层。

(6)梁、柱连接处断面尺寸偏差过大：其主要原因是柱接头模板刚度差或支此部位模板时未认真控制断面尺寸。

(7)柱根部烂根：柱混凝土浇筑前，应先均匀浇筑 50 mm 厚的砂浆。混凝土坍落度要严格控制，防止混凝土离析，应认真操作底部振捣。

(8)柱面气泡过多：采用高频振动棒，每层混凝土均要振捣至气泡排除为止。

(9)混凝土与模板黏结：注意清理模板，拆模不能过早，隔离剂涂刷均匀。

(10)混凝土强度不足或强度不均匀，强度离差大，是常发生的质量问题，是影响结构安全的质量问题。防止这一质量问题需要综合治理，除在混凝土运输、浇筑、养护等各个环节要严格控制外，在混凝土拌制阶段要特别注意。要控制好各种原材料的质量。要认真执行配合比，严格原材料的配料计量。

(11)混凝土拌合物和易性差，坍落度不符合要求。造成这类质量问题原因是多方面的。第一是水胶比影响最大；第二是石子的级配差，针、片状颗粒含量过多；第三是搅拌时间过短或太长等。

📷 **要点说明**

混凝土工程各个施工过程既紧密联系又相互影响，任何一个施工过程处理不当都会影响混凝土的最终质量。

任务二　混凝土工程安全技术交底

一、商品混凝土浇筑安全技术交底

(1)进入作业现场必须按照规定正确佩戴安全防护用品。

(2)振捣设备必须由学校电工接装电源、闸箱，漏电开关。检查线路、接头、零线及绝缘情况，电源线不得有接头并试转确认安全后方可作业。完毕后由学校电工拆动。

(3)检查脚手架、脚手板是否牢固，如有钉子等障碍物清除干净。二层以上作业时人员走安全梯。

(4)布料杆动作范围内无任何障碍物、无高压线。

(5)与罐车司机及操作员做好沟通交流，对泵送管道、布料杆、水箱、各种仪表及指示灯等应按照规定进行操作及监控，发现问题，应及时停止作业，待故障排除后方可继续施工。

(6)振捣设备移动时，不得硬拉电线，不得在钢筋上拖拉，防止割破拉断电线造成漏电。

(7)振捣由外聘专业人员负责，每组实习实训指导教师及学生在安全区域内参观见习。

(8)薄膜覆盖混凝土时，构件表面的孔洞有牢固的封堵措施。

(9)服从实习实训指导教师及小组安全员指挥。

二、自拌混凝土浇筑安全技术交底

(1)进入作业现场必须按规定正确佩戴安全防护用品。

(2)搅拌设备、振捣设备必须由学校电工接装电源、闸箱、漏电开关，检查线路、接头、零线及绝缘情况，电源线不得有接头，并经试转确认安全后方可作业，作业完毕后由学校电工拆动。

(3)搅拌设备、振捣设备按规定进行操作，发现问题，要及时停止作业，待故障排除后方可进行施工。

(4)临时脚手架要平稳、牢固，脚手架、将脚手架板上的杂物清理干净。小灰桶要传递，不准乱扔。基础混凝土部分上下基坑要走木梯。

(5)手推车运料要依次行走，不得拥挤、抢先。向搅拌机料斗内倒料时，不准用力过猛和车辆脱把。

(6)由手推车向小灰桶倒混凝土时，要平稳，不准乱扔、乱倒。

(7)振捣设备移动时，不得硬拉电线，不得在钢筋上拖拉，防止割破拉断电线造成漏电。

(8)搅拌及振捣由外聘专业人员负责，每组实习实训指导教师及学生在安全区域内参观见习。

(9)服从实习实训指导教师及小组安全员指挥。

三、混凝土养护施工安全技术交底

(1)进入作业现场必须按照规定正确佩戴安全防护用品。

(2)检查脚手架、脚手板，如有障碍物要清除干净，二层以上人员走安全梯。

(3)构件表面的孔洞有牢固的封堵措施。

(4)水养护应符合下列要求：

1)现场养护水所用的塑料水管，其铺设不得影响人员施工安全。

2)用水应适量，不得造成施工现场积水、泥泞。

3)拉移塑料水管要直顺，不得倒退行走。

(5)养护结束后，立即关闭阀门。

(6)服从实习实训指导教师及小组安全员指挥。

任务三　自拌混凝土

一、基础

1. 配合比计算

(1)混凝土种类：自拌普通混凝土。混凝土强度等级为 C25。

(2)混凝土材料：

1)水泥：普通硅酸盐水泥，强度等级为 42.5。

2)砂：中砂。

3)粗集料：碎石，粒径为 5~31.5 mm。

4)水：采用饮用水。

5)拌合物：无。

(3)试验室配合比报告单。试验室配合比设计试验报告范例见表 8-2。

表 8-2　混凝土配合比设计试验报告(范例)

试验编号：HP150500002　　　　　　　　　　　　　　　　报告编号：HP201500003

工程名称		实训办公楼 1#	合同编号	150035
委托单位		××班级××小组	委托日期	×年×月×日
建设单位		××学校××专业组	试验日期	×年×月×日
施工单位		××班级××小组	报告日期	×年×月×日
见证单位		学校考试考核办公室	见证人	××
施工部位		基础	见证证号	201501365
养护条件		标准养护	检测性质	见证取样
设计强度		C25	成型日期	×年×月×日
抗渗等级		—	要求坍落度	30~50 mm
抗冻等级		—		
搅拌方法		机械	振捣方法	机械
水泥	厂家	××水泥有限公司	品种等级	普通硅酸盐水泥 42.5
	报告编号	SW201500027	出厂日期	×年×月×日
砂子	产地	龙山	种类	河砂
	报告编号	SA201500036	规格	中砂
石子	产地	龙山	种类	碎石
	报告编号	SI201500004	规格/mm	5~31.5
外掺种数	报告编号	厂家	名称	种类
外加剂	1	—	—	—	—
	2	—	—	—	—
	3	—	—	—	—
掺合料	1	—	—	—	—
	2	—	—	—	—
	3	—	—	—	—

工程名称		实训办公楼1#				合同编号		150035	
混凝土配比情况	砂率/%	水胶比	\multicolumn{7}{c|}{1 m³ 混凝土材料用量/kg}
			水泥	砂子	石子	水	外加剂1	外加剂2	掺合料1	掺合料2
每立方配比	28	0.40	450	504	1 296	180	—	—	—	—
配合比			1	1.12	2.88	0.40	—	—	—	—

\multicolumn{5}{c|}{混凝土配合比试验结果}
稠度/mm	7 d抗压强度/MPa	28 d抗压强度/MPa	抗渗等级	抗冻等级
35	23.1	31.7	—	—
检测依据	\multicolumn{4}{c|}{《普通混凝土配合比设计规程》(JGJ 55—2011)}

声明	说明
1. 报告及复印件无检测单位红章无效、涂改无效。 2. 报告无检测、复核、批准人签字无效。 3. 本报告未使用专用防伪纸无效。 4. 对检测报告若有异议，应在15日之内向本单位提出	1. 本配合比是指材料干燥状态下的配合比，施工部门根据现场砂、石含水量，调整施工配合比。 2. 检测环境：符合标准要求 3. 样品状态：级配合理、无杂物 4. 异常情况：无 5. 设备编号：SI.1—15 SI.1—27 6. 客户委托单编号：SP201500002

备注	
检测盖章： 批准：×× 审核：×× 检测：×× 检测单位地址：×××× 联系电话：××××	

(4)经测试，砂含水率为3%，石子含水率为1%，实际施工用配合比如下：

1)水泥：450 kg。

2)砂：$504 \times (1+3\%) = 519.12$(kg)。

3)石子：$1\ 296 \times (1+1\%) = 1\ 308.96$(kg)。

4)水：$180 - [(519.12-504) + (1\ 308.96-1\ 296)] = 151.92$(kg)。

(5)实际施工配合比为：水泥∶砂∶石子∶水$= 450 \colon 519.12 \colon 1\ 308.96 \colon 151.92 = 1 \colon 1.15 \colon 2.91 \colon 0.34$。

2. 基础混凝土体积计算

(1)J-1，5个。

$$V_1 = 1.30 \times 1.30 \times 0.20 = 0.34 (m^3)$$

$$V_2 = \frac{1}{3} \times 0.20 \times [0.35 \times 0.35 + 1.30 \times 1.30 + \sqrt{(0.35 \times 0.35) \times (1.30 \times 1.30)}]$$

$$= 0.15 (m^3)$$

$$V = (0.34 + 0.15) \times 5 = 2.45 (m^3)$$

(2)J-2，1个。

$$V_1 = 2.355 \times 1.30 \times 0.20 = 0.61 (m^3)$$

$$V_2 = \frac{1}{3} \times 0.20 \times [1.405 \times 0.35 + 2.355 \times 1.30 + \sqrt{(1.405 \times 0.35) \times (2.355 \times 1.30)}]$$

$$= 0.32 (m^3)$$

$$V=0.61+0.32=0.93(\mathrm{m}^3)$$

(3)基础混凝土体积：

$$V=2.45+0.93=3.38(\mathrm{m}^3)$$

3. 地梁混凝土体积计

(1)KL1(1)：$V=(2.75-0.125\times2)\times0.25\times0.30\times2=0.38(\mathrm{m}^3)$。

(2)KL2(1)：$V=(4.75-0.125\times2)\times0.25\times0.30\times2=0.68(\mathrm{m}^3)$。

(3)L1(1)：$V=(2.50-0.125\times2)\times0.25\times0.30=0.17(\mathrm{m}^3)$。

(4)地梁混凝土体积：

$$V=0.38+0.68+0.17=1.23(\mathrm{m}^3)$$

4. 基础、地梁混凝土体积合计

$$V=3.38+1.23=4.61(\mathrm{m}^3)$$

5. 基础、地梁混凝土材料用量

(1)水泥：2 119.50 kg。

(2)砂：2 445.06 kg。

(3)石子：6 165.20 kg。

6. 基础施工注意事项

(1)基础轴线标高检查记录范例见表 8-3。基础施工完毕后，检查基础面标高是否符合设计要求，用水准仪测出基础至少 5 个点(4 个角点和 1 个中心点)的高程进行比较，允许误差为 ±10 mm。

表 8-3　基础轴线标高检查记录(范例)

(DB15/427—2005)

C01-5-03-001

工程名称	实训办公楼 1#	检查部位	基础	检查日期	×年×月×日
放线依据及内容： 依据：定位控制桩、建设单位给定的控制水准点、基础平面及剖面图。 内容：核查框架柱的轴线偏差及标高偏差。					
放线简图：					

| 工程名称 | 实训办公楼1# | 检查部位 | 基础 | 检查日期 | ×年×月×日 |

检查意见：

　　基础各控制轴线位置准确无误。框架柱最大偏差轴线偏差 5 mm，标高最大偏差 3 mm，符合规范要求。

签字栏	监理（建设）单位		施工单位		
	监理工程师（建设单位代表）	单位工程技术负责人		专业质检员	资料员
	××	××		××	××

内质检软件登记号：47681093

（2）建筑物可用皮杆数来传递高程。对于高程传递要求较高的建筑物，通常用50线来传递高程。

1）测设50线高程传递。50线是指建筑物中高于室内地坪±0.000 m标高0.5 m的水平控制线，作为砌筑墙体、屋顶支模板、洞口预留及室内装修的标高依据。50线的精度非常重要，相对精度要满足1/5 000。50线的测设步骤如下：

①检验水准仪的i角误差，i角误差不大于20″。

②为防止±0.000点处标高下沉，从高等级高程控制点重新引测±0.000标高处的高程，校核±0.000的标高。

③在新建建筑物内引测高于±0.000处0.5 m的标高点，复测3次平均值并准确标记在新建建筑物内。

④当墙体砌筑高于1 m时，以引测点为准采用小刻度小平尺（最小刻度不大于1 mm）在墙上抄50线。

⑤50线抄平完毕后用水平管进行校核，误差不得超过3 mm。

测量时一般是在底层墙身砌筑到1 m高后，用水准仪在内墙面上测设一条高出室内+0.5 m的水平线，作为该层地面施工及室内装修时的标高控制线。对于二层以上各层，同样在墙身砌到1 m后，一般从楼梯间用钢尺从下层的+0.5 m标高线向上量取一段等于该层层高的距离，并作标志。然后，再用水准尺测设出上一层的"+0.5 m"的标高线。这样用钢尺逐层向上引测。根据具体情况也可用悬挂钢尺代替水准仪，用水准仪读数，从下向上传递高程。

2）楼梯间高程传递，如图8-1所示。

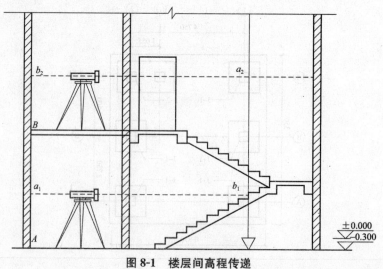

图8-1　楼层间高程传递

将水准仪安置在Ⅰ点，后视±0.000水平线或起始高程线处的水准尺读取后视读数a_1，前视悬吊于施工层上的钢尺读取前视读数b_1，然后将水准仪移动到施工层上安置于Ⅱ点，后视钢尺读取a_2，前视B点水准尺测施工层的某一高程线（如+0.5 m）。对一个建筑物，应按这样的方法从不少于3处分别测设某一高程线标志。

测设高程线标志以后，再采用水准测量的方法观测处于不同位置的具有同一高程的水平线标志之间的高差，高差应不大于±3 mm。

📖 **要点说明**

传递高程绝大部分采用50线，有时也采用1 m线等，根据实际情况以便于施工为宜。

(3)工程停工报告范例见表8-4。

表8-4 工程停工报告（范例）

工程名称	实训办公楼1#
致：××建设工程质量安全监督管理站： 　我方承建的1#办公楼工程，现已完成到基础部分，由于放暑假原因，不具备施工条件。经我方研究决定暂停施工。 　停工时间拟从×年×月×日至×年×月×日，预计停工天数××天。 　特此申请停止施工。 　根据学校校历安排，暑假时间为×年×月×日至×年×月×日，天数为××天，在此期间，全校放假 　　　　　　　　　　　　　　　　　承包单位（公章）：盖章 　　　　　　　　　　　　　　　　　项目经理：×× 　　　　　　　　　　　　　　　　　日期：×年×月×日	
监理机构审核意见 　　　　　　　　　　　　　　　　　项目监理单位（公章）：盖章 　　　　　　　　　　　　　　　　　项目经理：×× 　　　　　　　　　　　　　　　　　日期：×年×月×日	
建设单位审批意见 　　　　　　　　　　　　　　　　　建设单位（公章）：盖章 　　　　　　　　　　　　　　　　　项目经理：×× 　　　　　　　　　　　　　　　　　日期：×年×月×日	

(4)工程复工报告范例见表8-5。

表8-5 工程复工报告（范例）

工程名称	实训办公楼1#	面积	30.64 m²	结构/层数	框架/2层
建设单位	××	监理单位		××	
停工时间	×年×月×日	复工时间		×年×月×日	

工程名称	实训办公楼1#	面积	30.64 m²	结构/层数	框架/2层

复工说明：

1#办公楼工程因暑假暂停施工，现已进行整改，经检查后具备复工条件。

项目经理：××

×年×月×日

施工单位审查意见：

施工单位(公章)：盖章

生产负责人：××

×年×月×日

监理单位意见：

监理单位(公章)：盖章

总监理工程师：××

×年×月×日

建设单位意见：

建设单位(公章)：盖章

项目负责人：××

×年×月×日

二、层柱

(1)配合比计算。

1)混凝土种类：自拌普通混凝土。混凝土强度等级为C20。

2)混凝土材料：

①水泥：普通硅酸盐水泥，强度等级为42.5。

②砂：中砂。

③粗集料：碎石，粒径为5~31.5 mm。

④水：采用饮用水。

⑤拌合物：无。

3)试验室配合比报告单，混凝土配合比设计试验报告范例见表8-6。

表8-6　混凝土配合比设计试验报告(范例)

试验编号：HP150500001　　　　　　　　　　　　　　　　报告编号：HP201500003

工程名称	实训办公楼1#	合同编号	150036
委托单位	××班级××小组	委托日期	×年×月×日
建设单位	××学校××专业组	试验日期	×年×月×日
施工单位	××班级××小组	报告日期	×年×月×日
见证单位	学校考试考核办公室	见证人	××
施工部位	一层柱	见证证号	201501366
养护条件	标准养护	检测性质	见证取样

工程名称		实训办公楼1#		合同编号		150036
设计强度		C20		成型日期		×年×月×日
抗渗等级		—		要求坍落度		30～50 mm
抗冻等级		—				
搅拌方法		机械		振捣方法		机械
水泥	厂家	××××水泥有限公司		品种等级		普通硅酸盐水泥 42.5
	报告编号	SW201500028		出厂日期		×年×月×日
砂子	产地	龙山		种类		河砂
	报告编号	SA201500037		规格		中砂
石子	产地	龙山		种类		碎石
	报告编号	SI201500005		规格/mm		5～31.5
外掺种数	报告编号		厂家	名称		种类

外加剂	1	—	—	—	—
	2	—	—	—	—
	3	—	—	—	—
掺合料	1	—	—	—	—
	2	—	—	—	—
	3	—	—	—	—

混凝土配合比情况	砂率/%	水胶比	一立方米混凝土材料用量/kg							
			水泥	砂子	石子	水	外加剂1	外加剂2	掺合料1	掺合料2
每立方米配合比	35	0.43	280	702	1 304	120	—	—	—	—
配合比			1	2.51	4.66	0.43	—	—	—	—

混凝土配合比试验结果				
稠度/mm	7 d抗压强度/MPa	28 d抗压强度/MPa	抗渗等级	抗冻等级
35	23.1	31.7		

检测依据	《普通混凝土配合比设计规程》(JGJ 55—2011)

声明	说明
1. 报告及复印件无检测单位红章无效、涂改无效。 2. 报告无检测、审核、批准人签字无效。 3. 本报告未使用专用防伪纸无效。 4. 对检测报告若有异议,应在15日之内向本单位提出	1. 本配合比是指材料干燥状态下的配合比,施工部门根据现场砂、石含水量,调整施工配合比。 2. 检测环境:符合标准要求。 3. 样品状态:级配合理、无杂物。 4. 异常情况:无。 5. 设备编号:SI.1—15 SI.1—27。 6. 客户委托单编号:SP201500002

备注	

检测盖章: 批准:××   审核:××   检测:××

检测单位地址:××××

联系电话:××××

4)经测试：砂含水率为3％，石子含水率为1％，实际施工用配合比如下：

①水泥：280 kg。

②砂：$702×(1+3\%)=723.06(kg)$。

③石子：$1\,304×(1+1\%)=1\,317.04(kg)$。

④水：$120-[(723.06-702)+(1\,317.04-1\,304)]=85.90(kg)$。

5)实际施工配合比为：

水泥 ： 砂 ： 石子 ： 水

280 kg ： 723.06 kg ： 1 317.04 kg ： 85.90 kg

1 ： 2.58 ： 4.70 ： 0.31

(2)一层柱混凝土体积计算：

1)KZ-1：$V=0.25×0.25×(2.65+0.40)×4=0.76(m^3)$。

2)KZ-2：$V=0.25×0.25×(2.65+0.40)×2=0.38(m^3)$。

$V=0.25×0.25×(1.30+0.40)=0.11(m^3)$。

3)一层柱混凝土体积 $V=0.76+0.38+0.11=1.25(m^3)$。

(3)一层柱混凝土材料用量：

①水泥：350 kg。

②砂：903.83 kg。

③石子：1 580.45 kg。

📖**要点说明**

混凝土试验室配合比是根据完全干燥的砂、石集料制订的，但实际使用的砂、石集料一般都含有一些水分，而且含水量又会随气候条件发生变化。所以，施工时应及时测定现场砂、石集料的含水量，并将混凝土试验室配合比换算成实际含水量情况下的施工配合比。

任务四 商品混凝土

1. 2.650 m 梁混凝土体积计算

(1)KL1(1)：$0.2×0.4×2.5=0.2(m^3)$。

(2)KL2(1)：$0.2×0.4×2.25=0.18(m^3)$。

(3)KL3(2)：$0.2×0.4×4.75=0.38(m^3)$。

(4)KL4(1)：$0.2×0.4×4.5=0.36(m^3)$。

(5)KL5(1)：$0.2×0.4×4.5=0.36(m^3)$。

(6)L1(1)：$0.2×0.25×2.25=0.11(m^3)$。

(7)KL6(1)：$0.2×0.4×0.805=0.06(m^3)$。

(8)2.65 m 梁混凝土体积 $V=0.2+0.18+0.38+0.36+0.36+0.11+0.06=1.65(m^3)$。

2. 现浇板

(1)引线孔布置。施工过程：沿轴线交点向两侧各量取 500 mm，将相对轴线量取的相应点挂线绳取出四个交点位置，在支设一层现浇板模板时根据轴线量取出相应的距离，找出相应的点，以此中心制作出 200 mm×200 mm 的方形孔洞，并用木板将孔洞四周用钉子别位，如图 8-2 所示。

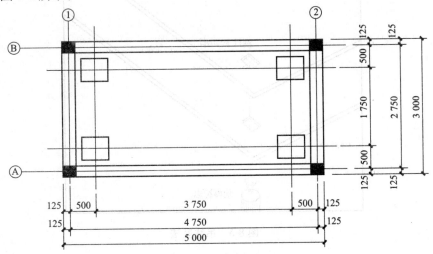

图 8-2　引线孔布置示意

(2)一、二层现浇板混凝土体积计算。

1)一层现浇板(柱与板相交部分由于体积小忽略不计)：

①轴—②轴～Ⓐ轴—Ⓑ轴：

$V=(4.75-0.075×2)×(2.75-0.075×2)×0.10=1.20(m^3)$。

⑴⁄₂轴—②轴～Ⓑ轴—¹⁄ᴮ轴：

$V=(1.055-0.1-0.075)×(2.50-0.125-0.075)×0.10=0.20(m^3)$。

2)二层现浇板①轴—②轴～Ⓐ轴—Ⓑ轴：

$V=(4.75-0.125×2)×(2.75-0.125×2)×0.10=1.13(m^3)$。

3)一、二层现浇板混凝土体积 $V=1.20+0.20+1.13=2.53(m^3)$。

(3)施工注意事项。二层板施工完毕后，应从一层用内控法向上引线。

1)当基础工程完成后，根据建筑物场地平面控制网，校核建筑物轴线控制桩无误后，将轴线内控点测设到底层地面上，并埋设标志，作为竖向投测轴线的依据。为了将底层的轴线点投测到各层楼面上，在点的垂直方向上的各层楼面上应预留约 200 mm×200 mm 的传递孔，并在孔周用砂浆做成 20 mm 高的防水斜坡，以防投点时施工用水通过传递孔流落在仪器上。

2)根据竖向投测使用仪器的不同，可采用以下两种投测方法：

①吊线坠法。

a. 吊线坠法是使用直径为 0.5～0.8 mm 的铜丝悬吊 10～20 kg 特制的大垂球，以底层轴线控制点为准，通过预留孔直接向各施工层投测轴线。每个点的投测应进行两次，两次投点的偏差，在投点高度小于 5 000 mm 时不大于 3 mm，投点高度在 5 000 mm 以上时不大于 5 mm，即可认为投点无误，取用其平均位置，将其固定下来，如图 8-3 所示。

b. 然后再检查这些点间的距离和角度，如与底层相应的距离、角度相差不大时，可做适当调整。最后根据投测上来的轴线控制点加密其他轴线。施测中，如果采用的措施得当，如防止风吹和振动等，使用线坠引测铅直线是既经济、简单，又直观、准确的方法。

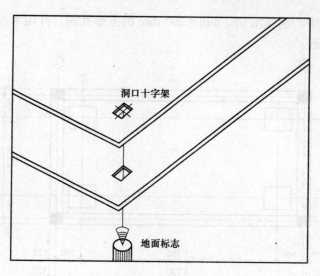

图 8-3　吊线坠法

②激光铅垂仪投测轴线。

a. 激光铅垂仪是一种专用的铅直定位仪器。其适用于高层建筑物、烟囱及高塔架的铅直定位测量。激光铅垂仪主要由氦氖激光管、精密竖轴、发射望远镜、水准器、基座、激光电源及接收屏等部分组成。

b. 激光器通过两组固定螺钉固定在套筒内。激光铅垂仪的竖轴是空心筒轴，两端有螺扣，上、下两端分别与发射望远镜和氦氖激光套筒相连接，二者位置可对调构成向上或向下发射激光束的铅垂仪。仪器上设置两个互成 90°的管水准器，仪器配有专用激光电源。

③激光铅垂仪投测轴线的步骤。

a. 在首层轴线控制点上安置激光铅垂仪，利用激光器底端（全反射棱镜端）所发射的激光束进行对中，通过调节基座整平螺旋，使管水准器气泡严格居中。

b. 在上层施工预留孔处，旋转接收靶。

c. 接通激光电源，启动激光器发射铅直激光束，通过发射望远镜调焦，使激光束聚成红色耀目光斑，投射到接收靶上。

d. 移动接收靶，使靶心与红色光斑重合，然后固定接收靶，并在预留孔四周做出标记。此时，靶心位置即为轴线控制点在该楼面上的投测点。

🔲要点说明

内控点应设在房屋转角柱子旁边，其连接线与柱子设计轴线平等，相距 500～1 000 mm。内控点应选择在能保持通视（不受构架梁等影响）和水平能视（不受柱子等影响）的位置。

3. 二层柱混凝土体积计算

KZ-1：$V=0.25\times0.25\times2.75\times4=0.69(\mathrm{m}^3)$。

4. 5.400 m 梁混凝土体积计算

（1）WKL1：$V=(2.75-0.125\times2)\times0.20\times0.30\times2=0.30(\mathrm{m}^3)$。

（2）WKL2：$V=(4.75-0.125\times2)\times0.20\times0.40=0.36(\mathrm{m}^3)$。

(3)WKL3：$V=(4.75-0.125\times2)\times0.20\times0.40=0.36(\text{m}^3)$。

(4)5.400 m梁混凝土体积$V=0.30+0.36+0.36=1.02(\text{m}^3)$。

5. 一层楼梯混凝土体积计算

$V=1.71\ \text{m}^3$。

6. 商品混凝土体积计算

$V=1.65+2.53+0.69+1.02+1.71=7.60(\text{m}^3)$。

要点说明

商品混凝土在生产过程中实现了机械化配料、上料。计算系统实现称量自动化，使计量准确，容易达到规范要求的材料计算精度，可以掺加外加剂和矿物掺合料，对改善施工环境有显著作用。

任务五 楼层平面放线记录表

楼层平面放线记录范例见表8-7。

表8-7 楼层平面放线记录(范例)
(DB15/427—2005)

C02—5—01—001

工程名称	**实训办公楼1#**		日期	**×年×月×日**
放线部位	**一层**		放线内容	**柱轴线边线、门窗洞口线**

放线依据及内容：
1. 定为控制桩1、2、3、4。　**2. 首层标高2.700 m。**　**3. 一层平面图。**

放线简图：

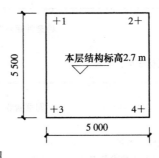

墙、柱轴线、边线门窗洞口线见施工图

检查意见：
1. 各轴线细部尺寸最大偏差为5 mm。
2. 本层结构标高误差为6 mm。
本层放线内容已经完成，轴线及标高误差在规范允许范围内，符合要求，可以进行下道工序施工

签字栏	监理(建设)单位		施工单位		
	监理工程师(建设单位代表)		单位工程技术负责人	专业质检员	资料员
	××		××	××	××

内质检软件登记号：47681093

任务六　混凝土施工检验批质量验收记录表

混凝土施工检验批质量验收记录范例见表 8-8。

表 8-8　混凝土施工检验批质量验收记录表(范例)

(GB 50204—2015)

C01-9-03010603-2-002

单位(子单位)工程名称			实训办公楼 1#		
分部(子分部)工程名称		地基与基础分部工程		验收部位	独立基础
施工单位		××班级××小组		项目经理	××
施工执行标准名称及编号					
施工质量验收规范的规定			施工单位检查 评定记录		监理(建设) 单位验收记录
主控项目	1	混凝土强度等级及试件的取样和留置	第7.4.1条	✓	合格
一般项目	1	后浇带施工缝的留设和处理	第7.4.2条	未留置施工缝	合格
	2	混凝土养护	第7.4.3条	混凝土的养护符合规范要求	
施工单位检查 评定结果		专业工长(施工员)	××	施工班组长	××
		检查评定合格 项目专业质量检查员：××			×年×月×日
监理(建设)单位 验收结论		同意验收 专业监理工程师：×× (建设单位项目专业技术负责人)			×年×月×日

内质检软件登记号：47681032

任务七　现浇结构外观及尺寸偏差检验批质量验收记录表

现浇结构外观及尺寸偏差检验批质量验收记录范例见表 8-9。

表8-9 现浇结构外观及尺寸偏差检验批质量验收记录表
(GB 50204—2015)

单位(子单位)工程名称			实训办公楼1#										
分部(子分部)工程名称			地基与基础分部工程				验收部位			独立基础			
施工单位			××班级××小组				项目经理			××			
施工执行标准名称及编号													

		施工质量验收规范的规定			施工单位检查评定记录									监理(建设)单位验收记录
主控项目	1	外观质量		第8.2.1条	外观无严重缺陷									合格
	2	过大尺寸偏差处理及验收		第8.3.1条	无过大尺寸偏差									
一般项目	1	外观质量一般缺陷		第8.2.2条	外观质量无缺陷									合格
	2	轴线位置/mm	整体基础	15										
			独立基础	10	8	7	4	5	6	3	5	4	5	6
			墙、柱、梁	8										
	3	垂直度/mm	柱、墙层高 ≤6 m	10										
			柱、墙层高 >6 m	12										
			全高(H)≤300 m	$H/3000+20$										
			全高(H)>300 m	$H/1000$且≤80										
	4	标高/mm	层高	±10										
			全高	±30	6	4	−1	7	5	−2	3	−5	2	1
	5	截面尺寸/mm	基础	+15，−10	5	−4	3	3	7	5	1	−4	5	−3
			柱、梁、板、墙	+10，−5										
			楼梯相邻踏步高差	±6										
	6	电梯井	中心位置/mm	10										
			长、宽尺寸/mm	+25，0										
	7	表面平整度/mm		8	2	1	4	1	2	3	2	1	4	5
	8	预埋件中心位置/mm	预埋板	10										
			预埋螺栓	5										
			预埋管	5										
			其他	10										
	9	预留洞、孔中心线位置		15										

施工单位检查评定结果	专业工长(施工员)	××	施工班组长	××
	检查评定合格 项目专业质量检查员：××			×年×月×日

监理(建设)单位验收结论	同意验收 专业监理工程师：×× (建设单位项目专业技术负责人)	×年×月×日

任务八　钢筋保护层厚度检测记录

(1)检测前宜具备下列资料：

1)工程名称及建设、设计、施工、监理单位名称。

2)结构或构件名称以及相应的钢筋设计图纸资料。

3)混凝土是否采用带有铁磁性的原材料配制。

4)检测部位钢筋品种、牌号、设计规格、设计保护层厚度、结构构件中是否有预留管道、金属预埋件等。

5)必要的施工记录等相关资料。

6)检测原因。

(2)根据钢筋设计资料，确定检测区域钢筋的可能分布状况，并选择适当的检测面。检测面宜为混凝土表面，应清洁、平整，并避开金属预埋件。

(3)钢筋保护层厚度检测的结构部位和构件数量，应符合下列要求：

1)钢筋保护层厚度检测的结构部位，应由监理(建设)单位、施工单位等各方根据结构构件的重要性共同选定。

2)对梁类、板类构件，应各抽取构件数量的 20% 且不少于 5 个构件进行检测。当有悬挑构件时，抽取的构件中悬挑梁类、板类构件所占比例均不宜小于 50%。

3)对选定的梁类构件，应对全部纵向受力钢筋的保护层厚度进行检测，对选定的板类构件，应抽取不少于 6 根纵向受力钢筋的保护层厚度进行检测。对每根钢筋，应在有代表性的部位测量 1 点。

(4)电磁感应法探测仪检测技术：

1)检测前应根据检测结构构件所采用的混凝土，对电磁感应法钢筋探测仪进行校准。

2)当钢筋混凝土保护层厚度与钢筋直径比值小于 2.5 且混凝土保护层厚度小于 50 mm 时，测试误差不应大于 ±1 mm，其他情况下不宜大于 ±5%。

3)检测前应先对被检测钢筋进行初步定位。

4)进行钢筋位置检测时，探头会有规律地在检测面上移动，直到仪器显示接收信号最强或保护层厚度最小值时，结合设计资料判断钢筋位置，此时探头中心线与钢筋轴线基本重合，在相应位置做好标记。按上述步骤将相邻的其他钢筋逐一标出。

5)钢筋定位后可进行保护层厚度的检测：

①设定好仪器量程范围及钢筋直径，沿被检测钢筋轴线选择相邻钢筋影响较小的位置，并应避开钢筋接头，读取指示保护层厚度值 C。每根钢筋在同一位置重复检测 2 次，每次读取 1 个读数。

②当同一处读取的 2 个保护层厚度值相差大于 1 mm 时，应检查仪器是否偏离标准状态并及时调整。

钢筋保护层厚度检测记录范例见表 8-10。

表 8-10　钢筋保护层厚度检测记录(范例)　　　　　GD 2301068

单位工程名称	实训办公楼1#							
施工单位	××班级××小组		项目负责人			××		
检查部位	一层梁、一层板		检查时间			×年×月×日		
采用标准	《混凝土结构工程施工质量验收规范》(GB 50204—2015)							
检查方法	电磁应法		采用仪器			钢筋保护层测定仪		
序号	构件名称/构件编号	钢筋保护层厚度/mm						合格评定
		楼层	设计值	实测值				
1	梁	一层	20	21	20	22	20	21	20	合格
2	板	一层	15	15	16	16	15	17	15	合格
测量员：××	记录员：××					×年×月×日		
专业承包施工单位检查评定结果	专业工长(施工员)		××	施工班组长		××		
	经检查，符合设计及规范要求，合格							
	项目专业质量检查员：××					×年×月×日		
监理(建设单位)验收结论	验收合格							
	专业监理工程师：×× (建设单位项目专业技术负责人)					×年×月×日		

任务九　回弹法检测混凝土强度检测报告

一、检测方法

1. 选择测区

每一结构或构件测区数不应少于 10 个，相邻两测区的间隔应控制在 2 000 mm 以内，测区应选在使回弹仪处于水平方向检测混凝土浇筑侧面，测区应均匀分布，测区的面积不宜大于 0.04 m²，混凝土表面应清洁、平整，不应有疏松层、浮浆、油垢、涂层以及蜂窝、麻面。

2. 回弹值测量

(1)检测时，回弹仪的轴线应始终垂直于结构或构件的混凝土侧面，缓慢施压，准确读数，快速复位。

(2)测点应在测区范围内均匀分布，相邻两测点的净距不宜小于 20 mm，同一测点只应弹击一次。每一测区应记取 16 个回弹值，每一测点的回弹值读数估读至 1。

3. 碳化深度值测量

(1)应在有代表的位置上测量碳化深度值，测点不应少于测区数的 30%，取其平均值为该构件每测区的碳化深度值。当碳化深度值极差大于 2.00 mm 时，应在每一测区测量碳化深度值。

(2)用碳化深度测量仪测量已碳化与未碳化混凝土交界面到混凝土表面的垂直距离，测量不应少于 3 次，取其平均值。每次读数精确至 0.5 mm。

二、混凝土结构(构件)回弹记录表

混凝土结构(构件)回弹记录范例见表8-11。

表8-11 混凝土结构(构件)回弹记录表(范例)

工程名称	实训办公楼1#	浇筑日期	×年×月×日
施工单位	××班级××小组	回弹日期	×年×月×日
建设单位	××学校××专业组	龄期/d	180
回弹资格证号	××	回弹仪编号	0546

构件部位及类型	设计强度等级	测区号	回弹值																回弹平均值	角度修正值	浇筑面修正	修正后平均值	碳化深度	强度值	备注
			1	2	3	4	5	6	7	8	9	10	11	12	13	14	15	16							
一层柱	C20	1	24	21	22	26	22	25	25	21	21	25	25	22	26	22	21	24	23.2	0	0		1.0	21.4	
		2	21	22	21	23	23	26	24	21	24	26	23	21	22	21		21	22.3	0	0		1.5	20.5	
		3	22	24	21	26	22	22	24	24	21	24	26	23	22	21			22.3	0	0		1.5	20.5	
		4	23	24	21	23	22	22	25	25	21	22	22	22	24	23			22.8	0	0		1.0	21.0	
自检结果		合格																							

监督代表:××	回弹人:××	记录人:××

任务十 混凝土坍落度试验

(1)混凝土和易性是一项综合性的技术指标,其包括流动性、黏聚性和保水性三方面的性能。

(2)适用范围:粗集料最大粒径≤31.5 mm,坍落度不小于10 mm。

(3)试验过程:

1)先用湿布抹湿坍落度筒、铁锹、拌合板等用具。

2)按配合比称量材料:先称取水泥和砂并倒在拌合板上搅拌均匀,再称取石子一起拌合。将料堆的中心扒开,倒入所需水的一半,仔细拌合均匀后,再倒入剩余的水,继续拌合至均匀,拌合时间为4~5 min。

3)将坍落度筒放于不吸水的刚性平板上,漏斗放在坍落筒上,脚踩踏板,将拌合物分三层装入筒内,每层装填的高度约占筒高的1/3。每层用捣棒沿螺旋线由边缘至中心插捣25次,且不得冲击。各次插捣应在界面上均匀分布。插捣筒边混凝土时,捣棒可以稍稍倾斜。插捣底层时,捣棒应贯穿整个深度。插捣其他两层时,应插透本层并插入下层为20~30 mm。

4)装填结束后,用镘刀刮去多余的拌合物,并抹平筒口,清除筒底周围的混凝土,随即在5~10 s内提起坍落度筒,并使混凝土不受横向及扭力作用。从开始装料到提出坍落度筒整个过程应在150 s内完成。

5)将坍落度筒放在锥体混凝土试样一旁,筒顶平放一个朝向拌合物的直尺,用钢尺量出直尺底面到试样最高点的垂直距离,即为该混凝土的坍落度,精确值为1 mm,结果修约至最接近的 5 mm。当混凝土的一侧发生崩坍或一边剪切破坏时，则应重新取样另测。如果第二次仍发生上述情况，则表示该混凝土和易性不好，应记录。

6)当混凝土拌合物的坍落度大于 220 mm 时，用钢尺测量混凝土扩展后最终的最大直径和最小直径，在这两个直径之差小于 50 mm 的条件下，用其算术的平均值作为坍落度扩展度值；否则，此次试验无效。坍落扩展度精确值为 1 mm，结果修约至最接近的 5 mm。

(4)混凝土黏聚性的检查方法：用捣棒在已坍落的混凝土拌合物锥体一侧轻轻敲打，若锥体逐渐下沉，表示黏聚性良好；若突然倒塌、部分崩裂或出现离析现象，则表示黏聚性不好。

(5)混凝土保水性的检查方法：观察混凝土拌合物中稀浆的析出程度。若较多的稀浆从锥体底部流出，集料外露，则表示保水性不好；若坍落度筒提起后无稀浆或少量稀浆自底流出，则表示保水性良好。

任务十一　混凝土现浇板孔洞封堵

(1)本工程现浇板孔洞为 200 mm×200 mm 的穿线孔，没有设置预留钢筋。

(2)先将板内钢筋剔出，然后采用与相邻板内钢筋同型号的钢筋，与剔凿出的板内钢筋进行搭接，钢筋间距同相邻楼板。搭接倍数单面焊接为 10d，双面焊接 5d，搭接处满焊。

(3)支模时用钢管加顶撑，将模板顶牢固，严禁采用铝丝吊模。

(4)洞口边处理：在周边混凝土充分湿润后，用素水泥浆将洞口周边涂抹均匀。

(5)混凝土封堵：洞口边处理完毕后，浇筑比楼板混凝土强度高一个等级的细石混凝土（掺入相当于胶凝材料含量 10% 的高效 HEA 抗裂防水膨胀剂）。

(6)混凝土养护：养护时间不少于 7 d，采用覆盖塑料薄膜布浇水养护。

(7)模板拆除：当混凝土强度达到设计强度标准值的 75% 方可拆除模板。

(8)板底打磨：模板拆除后检查板底的密实度、平整度，将超过原板底部分的混凝土通过剔凿、打磨处理。

要点说明

检查、验收是确定混凝土施工、外观及尺寸、保护层厚度、强度是否合格的重要措施。应按照规范要求如实进行验收、填写，发现问题立即整改。

技能巩固

《混凝土结构工程施工质量验收规范》(GB 50204—2015)验收混凝土的内容有哪些？

技能拓展

如现浇板有孔洞 400 mm×400 mm 且预留了钢筋，钢筋部分如何施工？

参考答案

模块九　房心回填土

　　房心回填土是指设计室外地坪至室内首层地面垫层之间的回填，也称室内回填，一般在基础及地梁施工完毕，强度达到合格要求后进行土方回填。

　　注1：房心回填土技术交底和安全技术交底同基础回填土。

　　注2：检验批质量验收记录表和环刀法测密度检验报告同基础回填土。

任务一　回填土厚度计算

$H=$设计室内外地坪高差$-$面层、找平层、各种垫层厚度

$H=0.3-0.01-0.04-0.05-0.02=0.18(\text{m})$

任务二　工程量计算

$V=$房心净面积$\times$回填土厚度

房心净面积 $S=(5.00-0.25\times2)\times(3.00-0.25\times2)=11.25(\text{m}^2)$

$V=11.25\times0.18=2.03(\text{m}^3)$

要点说明

　　如有地沟，回填土体积应扣除地沟所占体积。

技能拓展

　　如本工程有室内地沟长为 2.80 m，宽为 1.00 m，高为 1.20 m，计算房心回填土体积。

参考答案

模块十　脚手架工程

技能要点

1. 脚手架工程技术交底及安全技术交底。
2. 脚手架搭设平面图及立面图。
3. 脚手架材料计算。
4. 脚手架验收。

技能目标

1. 脚手架的搭设。
2. 脚手架的拆除。
3. 根据规范内容对脚手架的搭设、拆除进行检测。

任务一　落地式钢管脚手架搭设技术交底

一、施工准备

1. 技术准备

(1)熟悉图纸及图纸会审记录、设计变更。编制落地式钢管脚手架搭设方案，并经审批。

(2)根据工程特点，确定施工方法，劳动力组织及安排、施工进度计划。

(3)计算出钢管、扣件的准确用量，由租赁公司提供。

2. 材料准备

(1)焊接钢管 ϕ48 mm×3.5 mm，长度分别为 6 m、4 m、3 m、2.5 m、2 m。

(2)槽钢垫板。

(3)扣件，分为直角扣件、旋转扣件、对接扣件。

(4)木脚手板。

(5)密目安全网、水平安全网。

(6)镀锌钢丝。

3. 机具准备

扳手，老虎钳。

4. 作业条件

(1)脚手架基础夯实完毕并验收。

(2)材料准备、材料验收完毕。

(3)搭设图已绘制。

(4)脚手架测量放线完成。

二、施工工艺

1. 施工流程

施工流程：场地平整、夯实→材料配备→铺槽钢→纵向扫地杆→立杆→横向扫地杆→小横杆→大横杆→剪刀撑→铺脚手板→防护栏杆→安全网→自检→验收。

2. 操作工艺

(1)在处理好的基础上设置通长槽钢，布设须平稳，不得悬空。

(2)立杆。

1)立杆间距1 500 mm以内，里排立杆距离墙250 mm，立杆横向间距为1 000 mm，纵向水平杆步距为1 800 mm。

2)立杆顶端高出结构檐口上皮1 500 mm。

3)立杆接头采用对接扣件连接，立杆与大横杆采用直角扣件连接。接头交错布置，两个相邻立杆接头避免出现在同步同跨内，并在高度方向错开的距离不小于500 mm，各接头中心距主节点的距离不大于600 mm。

(3)大横杆。

1)大横杆设置于小横杆之下，在立柱的内侧，用直角扣件与主柱扣紧。其长度大于3跨、不小于600 mm，同一步大横杆四周要交圈。

2)大横杆采用对接扣件连接，其接头交错布置，不在同步同跨内。相邻接头水平距离不小于500 mm，各接头与立柱的距离不大于500 mm。

(4)小横杆。

1)每一立杆与大横杆相交处(即主节点)，都必须设置一根小横杆，并采用直角扣件扣紧在大横杆上，该杆轴线偏离主节点的距离不大于150 mm。

2)小横杆间距与立杆间距相同，根据作业层脚手板搭设的需要，可在两立杆间再等间距设置增设1~2根小横杆，其最大间距不大于750 mm。

3)小横杆伸出外排大横杆边缘距离不小于100 mm，伸出里排大横杆距结构边缘150 mm，且长度不大于440 mm。上、下两层小横杆在立杆处错开布置，同层的相邻小横杆在立杆处相向布置。

(5)纵、横向扫地杆。纵向扫地杆采用直角扣件固定在距底座下皮200 mm处的立柱上，横向扫地杆则用直角扣件固定在紧靠纵向扫地杆下方的立柱上。

(6)剪刀撑。

1)采用剪刀撑与横向斜撑相结合的方式，随立柱、纵横向水平杆同步搭设，用通常剪刀撑沿架高连续布置。剪刀撑每6步4跨设置一道，斜杆与地面的夹角为45°~60°。

2)斜杆相交点处于同一条直线上，并沿架高连续布置。

3)将剪刀撑的一根斜杆扣在立杆上，另一根斜杆扣在小横杆伸出的端头上，两端分别用旋转扣件固定，在其中间增加2~4个扣结点。所用固定点与主节点的距离不大于150 mm。最下部的斜杆与立杆的连接点距离地面的高度应控制在300 mm以内。

4)剪刀撑的杆件采用搭接的方法进行连接，其搭接长度≥1 000 mm。

5)横向斜撑搭设在主要脚手架部位，在同节内、由底层至顶层呈"之"字形，在里、外排立杆之间上下连接布置，斜杆采用旋转扣件固定在与之相交的立柱或横向水平杆的伸出端上。

6)除转角处设横向斜撑外，中间每隔 6 跨设置一道。

(7)脚手板。

1)脚手板设置在 3 根横向水平杆上，并在两端 80 mm 处用直径为 1.2 mm 的镀锌钢丝箍绕 2～3 圈固定。

2)脚手板平铺、满铺、铺稳，接缝中设 2 根小横杆，各杆与接缝的距离均不大于150 mm。靠墙一侧的脚手板与墙的距离不大于 150 mm。转角处两个方向的脚手板应重叠放置，避免出现探头及空挡现象。

(8)连墙件。由于本工程面积较小，建筑物高度不足 6 m，且二层不进行砌筑、抹灰等，所以不设置连墙件。

(9)防护设施。

1)脚手架满挂全封闭式密目安全网。密目安全网采用 1.8 m×6.0 m 的规格，用网绳绑扎在大横杆外立杆里侧。

2)在架设高度 2.7 m 处设首层水平安全网。

3)作业层脚手架立杆于 0.6 m 及 1.2 m 处设有 2 道防护栏杆，底部侧面设有 180 mm高的挡脚板。

三、质量标准

(1)钢管、扣件、安全网、脚手板、槽钢的品种和性能，必须符合设计要求和有关标准的规定。

(2)地基基础：表面坚实、平整，排水顺当、不积水，垫板不晃动，沉降量＜10 mm。

(3)搭设允许偏差：

1)立杆垂直度：$H/200$。

2)间距偏差：

①步距偏差为＋20 mm。

②柱距偏差为＋50 mm。

③排距偏差为＋20 mm。

3)纵向水平杆高差：

①一根的两端＋20 mm。

②同跨内、外两纵向水平杆外伸长度±10 mm。

4)双排脚手架横向水平杆外伸长度±50 mm。

5)扣件：

①主节点处的各扣件与主节点距离≤150 mm。

②同步立杆上两个相邻对接扣件的高差≥500 mm。

③立杆上的对接扣件与主节点的距离≤$1/3h$(步距)。

④扣件螺栓拧紧扭力矩为 40～65 N/m。

⑤剪刀撑斜杆与地面的倾角为 45°～60°。

⑥脚手板外伸长度对接时大于 100 mm，小于 150 mm；搭接时大于 100 mm。

⑦安全防护设置应符合要求。

四、成品保护

(1)所有扣件螺栓外露丝头须用润滑剂涂抹，以防生锈造成死扣。

(2)对各连接件，任何人不得擅自拆除。

(3)防止重物撞击。

五、应注意的质量问题

(1)立杆纵横间距及步高应满足设计要求。

(2)立杆的接头相互错开，不得设在同一步高内。搭设时随时调整大小横杆的水平度，交叉位置正确，大横杆沿建筑物四周交圈。

(3)脚手板必须满足一板三杆的要求，且不得重叠搭设设置，脚手板与小横杆用钢丝绑扎牢固。

(4)扣件紧固度合适，确保扣件的抗滑移能力。

📖 要点说明

(1)要有足够的坚固性和稳定性，施工期间在允许荷载和气候条件下，不产生变形、倾斜或者摇晃现象。

(2)要有足够的工作面，能满足工人操作、材料堆放及运输的需要。

(3)因地制宜，就地取材，尽量节约用料。

(4)构造简单，拆装方便，并能多次周转使用。

任务二 落地式钢管脚手架搭设与拆除施工安全技术交底

(1)进入作业现场必须按照规定正确佩戴安全防护用品。

(2)服从实习实训指导教师及小组安全员的指挥。

(3)对钢管、扣件、安全网、脚手板等进行检查验收，不合格的严禁使用。

(4)搭设场地平整并进行夯实，验收合格。

(5)垫板须采用槽钢。

(6)工作区域内画出警戒线，小组派专人看护，不准人员、车辆进入警戒线内。

(7)搭设部分。

1)按脚手架的柱距、排距要求进行放线、定位。

2)槽钢要铺放平稳，不得悬空，将槽钢准确放在定位线上。

3)严格按技术交底要求搭设，并随时检查。

4)扣件等要平稳传递，严禁采用由下向上扔抛的方式。

5)工具须放在工具袋中，不准乱扔、乱放。

(8)拆除部分。

1)拆除前先进行检查，加固松动部位，清除每层内的杂物。

2)拆除顺序为逐层由上而下进行，严禁上下同时作业，必须做到一步一清，一杆一清。

3)杆件与扣件拆除须分离，不允许杆件附着扣件运送。

4)拆下的杆件与扣件必须平稳传递，严禁随意落在地上，在指定地点按类堆放。

任务三　落地式钢管双排脚手架搭设图

1. 平面图

双排脚手架平面布置图如图 10-1 所示。

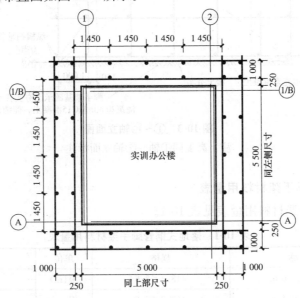

图 10-1　双排脚手架平面布置图

2. 立面图

①轴～②轴立面图如图 10-2 所示，①～⑩轴立面图如图 10-3 所示。

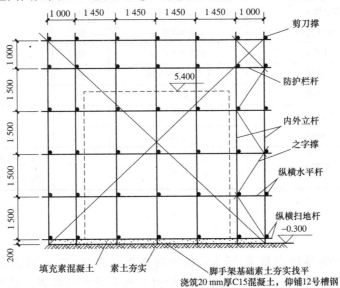

图 10-2　①轴～②轴立面图

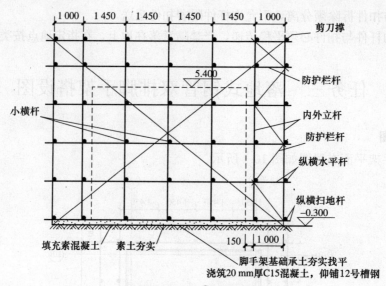

图 10-3　①～⑴/B轴立面图

注：高度同①轴～②轴立面标注

3. 落地式钢管脚手架材料用量表

落地式钢管脚手架材料用量表见表 10-1。

表 10-1　落地式钢管脚手架材料用量表

序号	名称	规格	单位	数量
1	钢管 $L=6$ m	$\phi48.3\times3.6$	根(m)	52(312)
2	钢管 $L=4$ m	$\phi48.3\times3.6$	根(m)	68(272)
3	钢管 $L=3$ m	$\phi48.3\times3.6$	根(m)	16(48)
4	钢管 $L=2.5$ m	$\phi48.3\times3.6$	根(m)	38(95)
5	钢管 $L=2$ m	$\phi48.3\times3.6$	根(m)	72(144)
6	木脚手板 $L=4$ m	50 mm 厚	块	32
7	密目立网	1.8 m×6 m	块	25
8	水平网	0.6 m×6 m	块	5
9	槽钢	⌐12，$L=6$ m	根	10
10	扣件	旋转	个	60
11	扣件	直角	个	224
12	扣件	对接	个	16
13	混凝土	C15	m³	0.78（其中水泥：191.88 kg，砂：616.21 kg，石子：943.81 kg）

🖱 **要点说明**

钢管脚手架不得搭设在距离 35 kV 以上的高压线路 4.50 m 以内的范围和距离 1～10 kV 高压线路 2 m 以内的范围，否则使用期间应断电或拆除电源。过高的脚手架必须按规定有防雷措施。

任务四　落地式钢管脚手架验收记录表

落地式钢管脚手架验收记录表见表10-2。

表 10-2　落地式钢管脚手架验收记录表

单位名称		实训办公楼××	架体类型/总高度	落地式/7.2 m
工程名称		实训办公楼1#	验收部位	一、二层
班组及负责人		×××	分段验收高度	3 m
验收日期		×年×月×日	合格牌编号	××

验收项目	序号	安全技术要求	结果
地基基础	1	基础平整、坚实(基础宜高出自然地坪50 mm)	符合要求
	2	有排水措施	符合要求
	3	立杆底部设置底座和通长垫板	设底座及通长垫板
	4	设置扫地杆(距垫板≤200 mm)	符合要求
架体与建筑物拉接	5	方案：按(2)步(3)跨布置，第一步必须留设	符合要求
	6	连墙件距主节点≤300 mm，连接点牢固、可靠	符合要求
	7	架体开口处连墙件置≤2步	符合要求
	8	架体高度＞24 m时，必须采用刚性连接	高度＜24 m
杆件间距与接头	9	方案：立杆纵距(1.2)m，允许偏差±50 mm 立杆横距(1)m，允许偏差±20 mm 步距(1.5)m，允许偏差±20 mm	1.2 m 1.1 m 1.8 m
	10	立杆全高(20～80 m)垂直度允许偏差±100 mm	符合要求
	11	主节点处小横杆全部设置，作业层小横杆等间距设置且最大间距≤1/2纵距	符合要求
	12	立杆接头对接；立杆、大横杆接头错开，同步或同跨内不得有2个接头，相邻两步或两跨内接头错开≥500 mm	符合要求
剪刀撑与横向斜	13	每道剪刀撑的宽度为4～6跨，且≥6 m，角度为45°～60°，搭接长度≥1 m，用三个扣件固定，杆端距离≥100 mm	6跨，60°， 搭接符合要求
	14	高度＜24 m的脚手架必须在外侧立面两端设置剪刀撑，并由底到顶连续设置；高度＞24 m的脚手架，在外侧立面沿长度和高度连续设置剪刀撑	高度＜24 m，剪刀撑设置符合要求
	15	横向斜撑在同一节间，由底至顶呈之字形连续布置	符合要求
	16	高度＞24 m的脚手架，除拐角处、开口处设置横向斜撑外中间每隔6跨设置一道	高度＜24 m

	单位名称		实训办公楼××	架体类型/总高度	落地式/7.2 m
脚手板	17	脚手板满铺，板间紧靠且离墙面≤150 mm			符合要求
	18	脚手板搭接或对接符合规范规定，无探头板			符合要求
	19	作业层、斜道和平台设1.2 m高防护栏杆和18 cm高的挡脚板			随层防护
架体体封闭与防护	20	脚手架外立杆内侧设密目网立网全封闭，封闭严密，绑绳绑扎牢固可靠			符合要求
	21	作业层下设随层网、首层网，封闭严密，绑扎牢固可靠			随层硬防护
	22	作业层下宜每隔12 m满铺一道脚手板，每隔10 m设一道平网			随层硬防护
杆件及构配件材质规格	23	钢管外径≥φ48 mm，壁厚≥3.5 mm，材质符合国家标准，无锈蚀、裂纹、变形			符合要求
	24	扣件三证齐全，符合国家标准，无锈蚀、脆裂、变形及滑丝；紧固力矩为40~65 N·m			符合要求
	25	脚手板厚度为50 mm，材质符合国家标准；木脚手板无劈裂、腐朽、钢脚手板无锈蚀、裂纹、变形；竹脚手板无劈裂、变形			符合要求
通道防护	26	方案：设置上下通道(2)处 上下通道宽度(1)m 转弯处平台宽度(1.8)m 上下通道坡度(60) 防滑条间距(30)			符合要求
	27	坡道及平台两侧设置防护栏杆和挡脚板；脚手板拼接严密，绑扎牢固			/
	28	上下通道按规定设置剪刀撑、连墙件			符合要求(无连墙件)
卸料平台	29	卸料平台方案有专门设计计算			无卸料平台
	30	卸料平台必须自成受力系统，禁止与脚手架连接			无卸料平台
	31	平台按规定设置防护栏杆、挡脚板及密目立网平台脚手板拼接严密，绑扎牢固			无卸料平台
	32	明显处设置限荷牌，限定荷载( )			无卸料平台
	33	形成定型化、工具化			无卸料平台
门洞	34	架体门洞符合规范的构造要求			符合要求
验收结论	验收合格，允许投入使用		验收人员	技术负责人：×× 安全员：×× 施工员：×× 监理工程师：×× ×年×月×日	

检查、验收是确定脚手架搭设、拆除是否合格的重要措施。按有关规范要求如实进行验收、填写，发现问题立即整改。

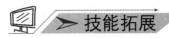

参考答案

《建筑施工扣件式钢管脚手架安全技术规范》(JGJ 130—2011)验收脚手架的内容有哪些?

技能拓展

落地式钢管脚手架底座有哪些?

模块十一　二次结构

1. 植筋施工技术交底及安全技术交底。
2. 植筋拉拔试验检测。
3. 混凝土小型空心砌块砌体工程技术交底及砌筑施工安全技术交底。
4. 砌筑砂浆配合比计算。
5. 填充墙砌体工程验收。

1. 植筋施工。
2. 填充墙砌体施工。
3. 根据规范内容对植筋、砌体进行检测。

二次结构的概念如下：

(1)在框架、框架-剪力墙工程中的一些非承重的砌体、构造柱、过梁等在一些装饰前需要完成的部分，称为二次结构。

(2)二次结构是相对于承重结构而言的，为非承重结构、围护结构，如构造柱、圈梁、填充墙、隔墙等。

任务一　植筋施工技术交底

一、施工准备

1. 技术准备

(1)熟悉施工图纸及图纸会审记录、设计变更。编制植筋施工方案，并经审批。

(2)在植筋之前，对钢筋、植筋胶等进行检查，合格后才能使用。

(3)由外聘专业人员进行操作。

2. 材料准备

(1)钢筋。

1)根据设计要求及相关标准规定，钢筋的种类、规格必须符合要求，并经检验合格。水平植筋为 $\phi6.5$，构造柱植筋为 $\phi12$。

2)钢筋应平直，无损伤，表面不得有裂纹、油污、颗粒或片状老锈。

（2）胶粘剂（由外聘人员自备）

1）植筋用的胶粘剂应采用改性环氧类结构胶粘剂或改性乙烯基酯类结构胶粘剂。当植筋的直径大于 22mm 时，应采用 A 级胶。

2）植筋和结构胶粘剂的粘结抗剪强度设计值 f_{bd} 应按表 11-1 的规定值采用。当基材混凝土强度等级大于 C30 且采用快固型胶粘剂时，其粘结抗剪强度设计值 f_{bd} 应乘以调整系数 0.8。

表 11-1　粘结抗剪强度设计值 f_{bd}

胶粘剂等级	构造条件	基材混凝土的强度等级				
		C20	C25	C30	C40	≥C60
A 级胶或 B 级胶	$s_1 \geq 5d$；$s_2 \geq 2.5d$	2.3	2.7	3.7	4.0	4.5
A 级胶	$s_1 \geq 6d$；$s_2 \geq 3.0d$	2.3	2.7	4.0	4.5	5.0
	$s_1 \geq 7d$；$s_2 \geq 3.5d$	2.3	2.7	4.5	5.0	5.5

注：1. 当使用表中的 f_{bd} 值时，其构件的混凝土保护层厚度，不应低于现行国家标准《混凝土结构设计规范（2015 年版）》（GB 50010—2010）的规定值；

2. s_1 为植筋间距，s_2 为植筋边距；

3. f_{bd} 值仅适用于带肋钢筋或全螺纹螺杆的粘结锚固。

3. 机具准备

（1）钢筋探测仪。

（2）由外聘人员自备：电锤、小型气泵、毛刷、钢丝刷、气管、胶枪等。

4. 作业条件

（1）钢筋、植筋胶、丙酮等材料符合相关标准规定。

（2）机具设备符合使用要求，电源符合要求。

（3）对施工部位、所植钢筋、植筋深度、植筋根数、植筋长度等要求已经明确。

（4）植筋部位原结构面的缺陷按相关要求进行补强或加固处理完成。

二、施工工艺

1. 施工流程

施工流程：钢筋探测仪探测→植筋孔定位→钻孔→清孔→配胶→注胶→插筋→锚固→验收。

2. 操作工艺

（1）采用钢筋探测仪对原构件的钢筋位置进行探测，植筋的位置不得与原构件的钢筋位置冲突。

（2）根据设计要求，在现场进行放线定位，标出钻孔位置。若基材上存在受力钢筋，钻孔位置可适当调整，但均宜植在梁柱箍筋内侧。

（3）在确定好的钻孔位置使用电锤进行钻孔。

（4）考虑各种因素对植筋受拉承载力影响而需加大锚固深度的修正系数 Ψ_N，应按下式计算：

$$\Psi_N = \Psi_{br} \Psi_w \Psi_R$$

式中　Ψ_{br}——结构构件受力状态对承载力影响的系数：当为悬挑结构构件时，$\Psi_{br} = 1.50$；当为非悬挑的重要构件接长时，$\Psi_{br} = 1.15$；当为其他构件时，$\Psi_{br} = 1.00$；

Ψ_w——混凝土孔壁潮湿影响系数，对耐潮湿型胶粘剂，按产品说明书的规定值采用，但不得低于1.1；

Ψ_R——使用环境的温度 T 影响系数，当 $T \leqslant 60℃$ 时，取 $\Psi_R = 1.0$；当 $60℃ \leqslant T \leqslant 80℃$ 时，应采用耐中温胶粘剂，并应按产品说明书规定的 Ψ_R 值采用；当 $T > 80℃$ 时，应采用耐高温胶粘剂，并应采取有效的隔热措施。

承重结构植筋的锚固深度应经过设计计算确定；不得按短期拉拔试验值或厂商技术手册的推荐值采用。

(5)钻孔完成后，将孔周围灰尘清理干净，用气泵、钢丝刷清理，做到吹孔3次，清刷2次。

(6)清刷完毕后用棉丝沾丙酮，清理孔洞内壁，使孔洞内壁最终达到清洁、干燥。

(7)清孔后用干净的棉丝将清洁过的孔洞封堵严密，以防止灰尘和异物落入。

(8)植筋孔清理完成后，组织相关人员进行隐蔽验收，并做好验收记录。

(9)注胶粘剂：将胶粘剂管置入套筒，旋上混合器，然后将套筒置入打胶枪内，将胶枪上的混合喷头伸进钻孔的底部，扣动扳机，且每一次扣动扳机感觉有明显压力后，一步一步慢慢抽出，当药剂填满孔深的2/3时，停止扣动扳机。

(10)插筋锚固：根据植入深度，用做好的合格钢筋插向孔洞，一边插一边向同一方向缓慢旋转，直到到达孔洞底部为止，此时应有植筋胶从钻孔溢出，及时进行清理。

3. 施工过程

根据施工要求钻孔植筋，分别按照间隔为400 mm、600 mm、400 mm的顺序旋转拉结筋，并应避开柱子主筋的位置钻孔。

三、质量标准

1. 主控项目

(1)钢筋的种类、规格、质量、长度必须符合设计要求和有关标准规定。

(2)《混凝土结构加固设计规范》(GB 50367—2013)对植筋最小锚固长度的 l_{min} 应符合下列构造规定：

1)受拉钢筋锚固：$\max\{0.3l_s; 10d; 100 \text{ mm}\}$；

2)受压钢筋锚固：$\max\{0.6l_s; 10d; 100 \text{ mm}\}$；

3)对悬挑结构、构件尚应乘以1.5的修正系数。

4)当植筋与纵向受拉钢筋搭接时，其搭接接头应相互错开。其纵向受拉搭接长度 l_i，应根据位于同一连接区段内的钢筋搭接接头面积百分率，按下式确定：

$$L_i = S_i L_d$$

式中　S_i——纵向受拉钢筋搭接长度修正系数，按表11-2取值。

表11-2　纵向受拉钢筋搭接长度修正系数

纵向受拉钢筋搭接接头面积百分率/%	≤25	50	100
S_i	1.2	1.4	1.6

注：1. 钢筋搭接接头面积百分率定义按照现行国家标准《混凝土结构设计规范(2015年版)》(GB 50010—2010)的规定采用。

　　2. 当实际搭接接头面积百分率介于表列数值之间时，按线性内插法确定 S_i 值。

　　3. 对梁类构件，纵向受拉钢筋搭接接头面积百分率不应超过50%。

5)当植筋搭接部位的箍筋间距 s 不符合本表 11-2 的规定时，应进行防劈裂加固。此时，可采用纤维织物复合材的围束作为原构件的附加箍筋进行加固。

6)植筋与纵向受拉钢筋在搭接部位的净间距，应按表 11-2 的标示值确定。当净间距超过 $4d$ 时，则搭接长度 L_i 应增加 $2d$，但净间距不得大于 $6d$。

7)用于植筋的钢筋混凝土构件，其最小厚度 e_{min} 应符合下式规定：

$$e_{min} \geq e_d + 2D$$

式中 D——钻孔直径(mm)，应按表 11-3 确定。

表 11-3 植筋直径与对应的钻孔直径设计值

钢筋直径 d/mm	钻孔直径设计值 D/mm
12	15
14	18
16	20
18	22
20	25
22	28
25	32
28	35
32	40

8)植筋时，其钢筋宜先焊后种植；当有困难而必须后焊时，其焊点距基材混凝土表面应大于 $15d$，且应采用水浸渍的湿毛巾多层包裹植筋外露部分的根部。

(3)胶粘剂的性能必须满足要求。

(4)植入钢筋锚固的抗拉强度必须满足要求。

2. 一般项目

(1)植筋孔的位置、直径、孔深、垂直度满足要求。

(2)植筋孔清理干净。

(3)植筋所用钢筋除锈。

四、成品保护

(1)清孔后用干净棉丝将清洁过的孔封堵严密，防止灰尘和异物落入孔内，造成污染。

(2)除锈和清理完的钢筋放置在干燥的地方。

(3)对植好的钢筋做好保护，防止在植筋胶固化时间内钢筋被摇摆或碰撞。

五、应注意的质量问题

(1)定位的准确性：植筋在已有构件上钻孔施工，钻孔时不得破坏原结构钢筋，在钻孔前必须采用钢筋探测仪对原结构钢筋的位置进行探测。

(2)钻孔深度：钻孔深度直接影响植筋质量，必须逐一进行检查。

(3)孔洞和钢筋清理：按程序做到位，达到规范要求。

(4)植筋注胶的密实度：注胶要饱满，胶量不够，则植入的钢筋无法达到设计所需要拉拔力。孔内注胶不得少于孔深的2/3。

(5)植筋插筋时应沿着一个方向旋转着插至孔底，以免在孔内产生气体留存，影响植筋质量。

要点说明

由于施工现场人员较多，因此，必须做好保护，如在植筋胶固化时间内植筋被碰撞，则失去了植筋的作用。

任务二　植筋安全技术交底

(1)进入作业现场必须按照规定正确佩戴安全防护用品。

(2)机械设备必须由学校电工接装电源、闸箱、漏电开关。检查线路、接头、零线及绝缘情况，电源线不得有接头，并经试转确认安全后方可作业。作业完毕后由学校电工拆动。

(3)机械设备按规定进行操作，发现问题及时停止作业，故障排除后方可进行施工。

(4)传递钢筋要平稳，不准乱扔、乱放。

(5)植筋由外聘专业人员负责，每组实习实训指导教师及学生在安全区域内参观学习。

(6)服从实习实训指导教师及小组安全员指挥。

任务三　植筋位置

1. 构造柱植筋位置图

构造柱植筋位置示意如图 11-1 所示。

2. 柱植筋位置示意图

柱植筋位置示意如图 11-2 所示。

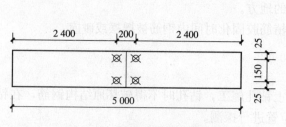

图 11-1　构造柱植筋位置示意

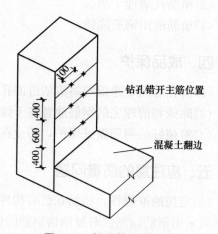

钻孔错开主筋位置

混凝土翻边

图 11-2　柱植筋位置示意

(1)水平植筋长度：Φ6，$L = 2.86 \times 6 = 17.16(\text{m})$。

$0.006\,17 \times 6.5^2 \times 17.16 = 3.81(\text{kg})$。

(2)构造柱植筋长度：$\Phi 12$，$L_1 = 0.88 \times 4 = 3.52(\text{m})$。

$L_2 = 2.152 \times 4 = 8.608(\text{m})$，小计 12.128 m。$0.006\,17 \times 12^2 \times 12.128 = 10.77(\text{kg})$。

任务四　拉拔试验检测报告

拉拔试验检测报告范例见表11-4。

表 11-4　锚栓(植筋)拉拔检测报告(范例)

试验编号：LS150400048　　　　　　　　　　　　　　　　报告编号：LS201500101

工程名称	实训办公楼1#		合同编号			150103		
委托单位	××班级××小组		委托日期			×年×月×日		
建设单位	××学校××专业组		试验日期			×年×月×日		
施工单位	××班级××小组		报告日期			×年×月×日		
见证单位	学校考试考核办公室		见证人			××		
监督单位	××监督站		见证证号			2005055215		
设计单位	××设计公司		检测性质			见证取样		
生产厂家	迁安市九江线材有限公司		受检数量			6 根	代表数量	6 根
试件类型	普通植筋		试件名称			普通植筋		
检测部位	一层		植入深度/mm			100		
检测位置	序号	规格	混凝土设计强度等级	设计拉拔力/kN	设计最大位移/mm	检验荷载/kN	拉拔力/kN	位移/mm	破坏特征	单项判定
一层①轴～Ⓐ轴－Ⓑ轴	1	6.5	C35	6	—	6.00	6	—	未见异常	合格
	以下空白									
检测方法	《混凝土结构后锚固技术规程》(JGJ 145—2013)									
检测依据	《混凝土结构后锚固技术规程》(JGJ 145—2013)									
检测结论	该组试样符合《混凝土结构后锚固技术规程》(JGJ 145—2013)设计要求									
	声明				说明					
	1. 报告及复印件无检测单位红章无效、涂改无效。 2. 报告无检测、审核、批准人签名无效。 3. 本报告未使用专用防伪纸无效。 4. 对检测报告有异议，应在15日之内向本单位提出				1. 试样所检测项目符合上述设计要求。 2. 检测环境：符合标准要求。 3. 样品状态：试件无锈蚀、刻痕等缺陷。 4. 异常情况：无。 5. 设备编号：S1.3－31 6. 客户委托单编号：LS201500136					
备注	—									
检测单位盖章：　　　　批准：××　　　　审核：××　　　　检测： 检测单位地址：×××× 联系电话：××××										

只有定位准确，才能保证植筋施工质量。

任务五 混凝土小型空心砌块砌体工程技术交底

一、施工准备

1. 技术准备

(1)熟悉施工图纸及图纸会审记录、工程变更。掌握墙体砌筑工程的长度、宽度、高度等几何尺寸，以及墙体轴线、标高、构造形式等内容情况。

(2)根据图纸设计、规范、标准图集以及工程情况等内容，编制砌块砌体工程作业指导书。

(3)根据设计图纸以及所采用砌块的品种、规格等绘制砌体节点组砌图，并经审核无误。

2. 材料准备

(1)单排孔轻集料混凝土小型空心砌块。其技术性能详见有关标准及资料。

(2)混合砂浆强度等级为 M5。以水泥、中砂、砂浆王等材料配制的专用的小砌块砌筑砂浆。

3. 机具准备

搅拌机、手推车、钢卷尺、大铁锹、瓦刀、托线板、线坠、灰斗、无齿锯、电锯、小白线等。

4. 作业条件

(1)混凝土小型空心砌块砌筑施工前，应结合砌体和砌块的特点、设计图纸要求及现场具体条件，编制施工方案，绘制砌体节点组砌排列图，并做好技术交底工作，准备好施工机具，做好施工平面布置，划分施工段，安排好施工流水、工序交叉衔接施工。

(2)对进场的砌块型号、数量和堆放次序等进行检查，并满足施工要求，同时对砌体所需用的各种材料的质量控制资料进行复检，并应符合规范要求。

(3)小型砌块砌筑施工前，必须做好上道工序的隐检工作及手续，办好上、下道工序交接手续，并经验收合格。

(4)将基层清理干净，测好砌体墙身轴线、边线、构造柱等位置线，并经验线符合图纸设计要求。

(5)根据工程引测的水准点，进行标高的抄测工作，在混凝土柱上画好皮数杆、植筋位置。

(6)植筋完成，并应符合规范要求。

(7)砂浆经试配确定配合比，准备好砂浆试模。

(8)搅拌机、无齿锯经试运转正常。

5. 施工工艺

(1)工艺流程：墙体放线→砌块浇水→制备砂浆→砌块排列→砌筑→校正→紧缝填实砂浆→勾缝→灌芯柱混凝土→验收。

(2)操作工艺。

1)选砌块：挑选砌块，进行尺寸和外观检查。有缺陷的砌块严禁使用。

2)墙体放线：砌体施工前，将基层清理干净，按设计标高进行找平，并根据施工图及砌体排列组砌图放出墙体的轴线、外边线、构造柱等位置线，放线结束后及时组织验线工作，并经监理单位复核无误后，方可施工。

3)砌块浇水：轻集料混凝土小型砌块施工前可提前浇水，但不宜过多。此工序应根据现场砌块及天气、温度等情况具体确定掌握。

4)制备砂浆。

①砌体所用砂浆按照设计要求的砂浆品种、强度等级进行配制，砂浆配合比由试验室确定。采用质量比，其计量精度为水泥控制在±2%，砂、石灰膏控制在±5%以内。

②砂浆机械搅拌。搅拌时间不得少于2 min；同时具有较好的和易性和保水性，稠度以5～7 cm为宜。

③砂浆搅拌均匀，随拌随用，并在4 h内使用完毕。当施工期间最高气温超过30 ℃时，应在拌成后3 h内使用完毕。

5)砌块排列：由于砌块排列直接影响墙体的整体性，因此，在施工前必须按照以下原则、方法及要求进行砌块排列：

①砌块砌体在砌筑前，根据工程设计施工图，结合砌块的品种、规格，绘制砌体砌块组砌排列图，同时，根据砌块尺寸、垂直缝的宽度和水平缝的厚度计算砌块砌筑皮数和排数，并经审核无误后，按组砌图及计算结果排列砌块。

②砌块排列时，要尽量采用主规格，以提高砌筑日产量。

③砌块排列对孔错缝搭砌，搭砌长度不少于90 mm。

④砌体水平灰缝厚度和垂直灰缝宽度一般为10 mm，但不宜大于12 mm，也不宜小于8 mm。

6)铺砂浆与砌筑：将搅拌好的砂浆，通过灰车运至砌筑地点，并按砌筑顺序及所需量倒运在灰斗内，以供铺设。

①砌筑从定位处开始，一端有凹槽的砌块，将有凹槽的一端接着平头的一端砌筑。

②砌筑逐块铺砌，采用满铺、满挤法。灰缝做到横平竖直，全部灰缝均填满砂浆。水平灰缝宜用坐浆满铺法。垂直缝可先在砌块端头铺满砂浆（即将砌块铺浆的端面朝上依次紧密排列），然后将砌块上墙挤压至要求的尺寸。也可在砌好的砌块端头挂满砂浆，然后将砌块上墙进行挤压，直至所需尺寸。

③砌块砌筑一定要跟线，"上跟线，下跟棱，左右相邻要对平"。同时，随时进行检查，做到随砌随查随纠正，以免返工。

7)勾缝：每当砌完一块，随后须进行灰缝的勾缝（原浆勾缝），勾缝深度一般为3～5 mm。

二、质量标准

1. 一般规定

(1)施工时所用的小砌块的产品龄期不小于28 d。

(2)施工时所用的砂浆，宜选用《混凝土小型空心砌块和混凝土砖砌筑砂浆》(JC 860—2008)专用的小砌块砌筑砂浆。

(3)防潮层以下的砌块，采用强度等级不低于C20的混凝土灌实小砌块的孔洞。

(4)轻集料混凝土小砌块，可提前浇水湿润。小砌块表面有浮水时，不得施工。

(5)小砌块墙体对孔错缝搭接，搭接长度不小于 90 mm。

(6)底层砌块应采用强度等级不低于 C15 的混凝土灌实小砌块的孔洞。

2. 主控项目

(1)砌块和砂浆的强度等级必须符合设计要求。

(2)砌体水平灰缝的砂浆饱满度，按净面积计算不得低于 90%；竖向灰缝饱满度不得小于 80%，竖向凹槽部位用砂浆填实；不得出现瞎缝、透明缝。

(3)混凝土小型空心砌块砌体的位置及垂直度允许偏差见表 11-5，构造柱允许偏差见表 11-6。

表 11-5　砖砌体的位置及垂直度允许偏差

项次	项目			允许偏差/mm	检验方法
1	轴线位置偏移			10	用经纬仪和尺或用其他测量仪器检查
2	垂直度	每层		5	用 2 m 拖线板检查
		全高	≤10 m	10	用经纬仪、吊线和尺或用其他测量仪器检查
			>10 m	20	

表 11-6　构造柱允许偏差

项次	项目			允许偏差/mm	检验方法
1	柱中心线位置			10	用经纬仪和尺检查或用其他测量仪器检查
2	柱层间错位			8	用经纬仪和尺检查或用其他测量仪器检查
3	柱垂直度	每层		10	用 2 m 托线板检查
		全高	≤10 m	15	用经纬仪、吊线和尺检查或用其他测量仪器检查
			>10 m	20	

3. 一般项目

(1)砌块砌体组砌方法应正确，上下错缝，内外搭砌。

(2)墙体的水平灰缝厚度和竖向灰缝宽度宜为 10 mm，但不应大于 12 mm，也不应小于 8 mm。

(3)混凝土小型空心砌块砌体的一般尺寸允许偏差见表 11-7。

表 11-7　砖砌体一般尺寸允许偏差

项次	项目		允许偏差/mm	检验方法
1	基础顶面和楼面标高		±15	用水准仪和尺检查
2	表面平整度	清水墙、柱	5	用 2 m 靠尺和楔形塞尺检查
		混水墙、柱	8	
3	门窗洞口高、宽(后塞口)		±10	用尺检查
4	门窗上下窗口偏移		20	以底层窗口为准，用经纬仪或吊线检查
5	水平灰缝平直度	清水墙	7	拉 5 m 线的尺检查
		混水墙	10	
6	清水墙游丁走缝		20	以每层第一皮砖为准，用吊线和尺量检查

三、成品保护

(1)不得随意在墙体上剔凿打洞，随砌筑进行预埋。不因剔凿而损坏砌体的完整性。

(2)在已砌筑完的砌体墙内，车辆运输等应注意墙体边缘，防止被撞坏。

四、应注意的质量问题

(1)砂浆配置时，对各种材料采用质量计量，并确保各种材料的计量误差在规定范围内，搅拌时间符合规定，避免因砂浆配合比不准影响质量。

(2)砌筑时每层砖都要做到与皮数杆对平，通线要绷紧拉平。同时，砌筑要注意左右两侧，避免接槎处高低不平，水平灰缝厚度不一致。

(3)柱上画皮数杆时，抄平放线要准确，确保皮数杆标高的正确。

(4)施工中按照皮数杆上标明的植筋位置，正确植筋。

(5)严禁使用过期水泥，应严格按配合比计量，拌制砂浆，按规定留置、养护好砂浆试块，并确保砂浆强度满足设计要求。

(6)严格按砌块排砖图施工，注意砌块的规定并正确组砌，避免砌块反放。

(7)严格按皮数杆控制分层高度，掌握铺灰厚度。基底不平时先用细石混凝土找平，及时检查墙面垂直度、平整度。

(8)砌筑时，不得使用含水率过大的砌块，被水浸透的砌块严禁砌墙；一般相对含水率控制在40%以内，即现场宜采用喷洒湿润的砌块，不宜采用浇水浸泡砌块的方法。

任务六　砌筑施工安全技术交底

(1)进入作业现场必须按照规定正确佩戴安全防护用品。

(2)切割机械必须由学校电工接装电源、闸箱、漏电开关。检查线路、接头、零线及绝缘情况，电源线不得有接头，并经试转确认安全后方可作业。作业完毕后由学校电工拆动。

(3)手推车运送砌块、砂浆时，保持2m以上的安全距离，装砌块时，先取高处，后取低处，分层按顺序拿取，轻拿轻放。

(4)当砌筑高度超过1.20m时，搭设平稳、牢固的临时脚手架，脚手架上只准两人操作，放置两个小灰桶，码放一层砌块。

(5)砌筑作业面下不准站人。

(6)施工完毕，将碎料、落地灰等清理干净。

(7)服从实习实训指导教师及小组安全员指挥。

要点说明

皮数杆上要标明皮数及竖向构造的变化部位。在基础皮数杆上，竖向构造包括底层室内地面、防潮层、大放脚、洞口、管道和预埋件等；在墙身皮数杆上，竖向构造包括楼面、门窗洞口、过梁、楼板、梁等。

任务七 砌筑砂浆配合比计算

（1）砂浆种类：自拌混合砂浆。砂浆强度等级为 M5。

（2）砂浆材料：

1）水泥：普通硅酸盐水泥，强度等级为 42.5。

2）砂：中砂。

3）水：采用饮用水。

4）掺合物：砂浆王。

（3）试验室配合比报告单。砂浆配合比试验报告范例见表 11-8。

表 11-8 砂浆配合比试验报告（范例）

试验编号：SP150800006   报告编号：SP201500094

工程名称		实训办公楼 1#	合同编号	150203
委托单位		××班级××小组	委托日期	×年×月×日
建设单位		××学校××专业组	试验日期	×年×月×日
见证单位		学校考试考核办公室	见证人	××
施工部位		主体	见证证号	201502122
搅拌方法		机械	检测性质	见证取样
稠度要求		70～90 mm	成型日期	×年×月×日
水泥	厂家	××水泥有限公司	品种等级	普通硅酸盐水泥 42.5
	报告编号	SW201500109	出厂日期	×年×月×日
砂子	产地	龙山	种类	天然砂
	报告编号	SA201500141	规格	中砂
外加剂 1	厂家	—	名称	—
	报告编号		种类	
掺合料 1	厂家	××	名称	砂浆王
	报告编号		种类	—
掺合料 2	厂家		名称	
	报告编号		种类	

砂浆配合比设计值

1 m³ 砂浆材料用量/kg

材料	水泥	砂子	水	外加剂	掺合料 1	掺合料 2
材料用量	230	1 461	237	—	5	—

工程名称	实训办公楼1#		合同编号	150203	
配 合 比	1	6.35	1.03	—	0.02	—

抗压强度试验结果

砂浆种类及等级	实际稠度/mm	7d强度		28d强度		抗冻	
		抗压强度/MPa	抗压强度平均值	抗压强度/MPa	抗压强度平均值	质量损失率/%	强度损失率/%
混合砂浆 M5	79	4.3	4.4	6.5	6.4	—	—
		4.3		6.6			
		4.5		6.2			

检测依据	《砌筑砂浆配合比设计规程》(JGJ/T 98—2010)

声明	说明
1. 报告及复印件无检测单位红章无效、涂改无效。 2. 报告无检测、审核、批准人签字无效。 3. 本报告未使用专用防伪纸无效。 4. 对检测报告若有异议，应在15日之内向本单位提出	1. 施工中，砂必须按级配过磅进料，严格按操作规程施工，做好试块。并根据现场砂的含水量，调整施工配合比。 2. 检测环境：25 ℃。 3. 样品状态：级配合理、无杂物。 4. 异常情况：无。 5. 设备名称：SI.1—28 SI.2—06SI.1—24。 6. 客户委托单编号：SP201500093

备注	

检测盖章：　　　　批准：××　　　　审核：××　　　　检测：××

检测单位地址：××××

联系电话：××××

(4)经测试，砂含水率为3%，实际施工用配合比如下：

1)水泥：230 kg。

2)砂：1 461×(1+3%)=1 504.83(kg)。

3)水：237−(1 504.83−1 461)=193.17(kg)。

4)砂浆王：5 kg。

5)施工用配合比为

水泥 ： 砂 ： 水 ：砂浆王

230 kg ： 1 504.83 kg ： 193.17 kg ： 5 kg

1 ： 6.54 ： 0.84 ： 0.02

任务八　墙砌体

1. 墙砌体示意图

墙砌体示意如图 11-3 所示。

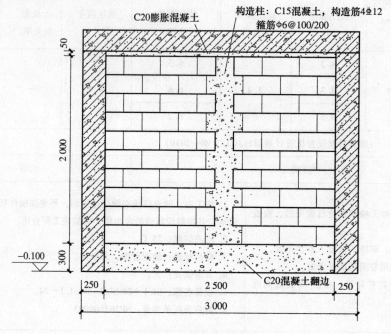

图 11-3　墙砌体示意

2. 工程量计算

(1)砌体体积 $V=2.50×0.20×2.00-0.15(构造柱体积)=0.85(m^3)$。

(2)混合砂浆 M5 体积 $V=0.07 m^3$。

(3)构造柱混凝土体积 $V=(0.24×0.20+0.03×0.24×2+0.03×0.20×2)×2.00=0.15(m^3)$。

(4)混凝土翻边体积 $V=2.50×0.20×0.30=0.15(m^3)$。

(5)膨胀混凝土体积 $V=2.50×0.20×0.05=0.03(m^3)$。

(6)材料用量合计:

1)砌块: $0.85 m^3$。

2)水泥: 103.40 kg。

3)砂: 353.99 kg。

4)石子: 418.72 kg。

5)砂浆王: 0.35 kg。

任务九 填充墙砌体工程检验批质量验收记录表

填充墙砌体工程检验批质量验收记录表范例见表11-9。

表 11-9 填充墙砌体工程检验批质量验收记录表

(GB 50203—2011)

C02-9-03020304-002

单位(子单位)工程名称		实训办公楼1#											
分部(子分部)工程名称		**主体分部工程**				验收部分			**一层填充墙**				
施工单位		××班级××小组				项目经理			××				
分包单位						分包项目经理							
施工执行标准名称及编号													

		施工质量验收规范的规定		施工单位检查评定记录										监理(建设)单位验收记录
主控项目	1	块材强度等级	设计要求 MU	**MU3.5**										合格
	2	砂浆强度等级	设计要求 M	**M5 混合砂浆**										
	3	与主体结构连接	第9.2.2条	✓										
	4	植筋实体检测	第9.2.2条	✓										
一般项目	1	轴线位移	≤10mm	6	8	4	7	4	5	6	5	4	7	合格
	2	墙面垂直度(每层)	≤3 m，≤5 mm <3 m，≤10 mm	2	1	4	1	3	2	1	4	1	2	
	3	表面平整度	≤8 mm	4	5	7	4	6	2	1	3	1	4	
	4	门窗洞口	±10 mm	3	2	−1	4	1	2	−1	−4	1	2	
	5	窗口偏移	≤20 mm	10	14	15	18	16	13	10	12	15	10	
	6	水平各砂浆饱满度	第9.3.1条	✓										
	7	砂浆各饱满度	第9.3.2条	✓										
	8	拉结筋、网片位置	第9.3.3条	✓										
	9	拉结筋、网片埋置长度	第9.3.3条	✓										
	10	搭砌长度	第9.3.4条	✓										
	11	灰缝厚度	第9.3.5条	✓										
	12	灰缝宽度	第9.3.5条	✓										
施工单位检查评定结果			专业工长(施工员)		××				施工班组长			××		
			检查评定合格 项目专业质量检查员：××									×年×月×日		
监理(建设)单位验收结论			同意验收 专业监理工程师：×× (建设单位项目专业技术负责人)									×年×月×日		

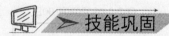

要点说明

试配时应采用工程中实际使用的材料，机械搅拌时间自投料结束算起，水泥混合时间不得少于120 s，对掺有粉煤灰和外加剂的砂浆，不得少于180 s，必须在拌成4 h内使用完毕。

技能巩固

立皮数杆的要求有哪些？

参考答案

技能拓展

如填充外墙需防潮防水，应怎样处理？

模块十二　主体结构验收

技能要点

1. 主体验收具备的条件。
2. 主体结构验收标准。
3. 主体结构验收记录。
4. 建筑物垂直度、标高、全高测量。

技能目标

1. 根据规范内容对主体结构进行检测。
2. 建筑物垂直度、标高、全高测量检测。

1. 主体验收应具备的条件

(1)主体结构分部(分项)工程应按照设计文件全部施工完成,并应符合施工质量验收规范要求。

(2)质量保证资料,参建各方责任主体质量行为资料经审查齐全,应符合要求(资料应提前5天报质监站审查)。

(3)对整改通知单提出的问题必须全数处理完毕,并应符合要求。

(4)现浇混凝土构件钢筋保护层检测合格(若需要处理应有设计验算核定单或处理意见且签字、盖章齐全)。

(5)施工现场须符合文明施工安全生产条件,装饰装修阶段安全评价合格。

(6)门窗框必须全数按设计、规范标准安装到位。

(7)当不同材质交接处和抹灰层厚度≥35 mm时,防止墙面开裂的措施必须全部设置到位(增设钢丝网,每边宽度≥100 mm)。

(8)接线盒内的锁口套圈必须全部设置到位。

(9)有防水要求的楼面除门洞外,必须全部设置高度≥120 mm、宽度同墙宽的C20混凝土翻边。

(10)楼板(每间)厚度必须全部测量完成,并由监理工程师检查认可,形成签字齐全的检查记录。

2. 主体结构验收标准

(1)所有钢筋混凝土结构、砌体二次结构的检测报告、各项工程资料完整齐全,报质监站审查合格。

(2)以设计图纸及有关技术文件,认真核对各部位尺寸、标高,并不得超过规定的允许偏差值。楼层各房间实测值必须造表,由监理部门审核。

(3)核对门、窗洞口几何尺寸，特别是窗台(除阳台、凸窗外)高度以建施标高不得低于900 mm。

(4)楼层所有钢筋、丝杆、模板、垃圾等杂物清理完毕。

(5)楼层胀模及有缺陷的部位，须剔凿及维修、整改完毕。

(6)所有排水管道如有破损、裂缝现象，必须更换。

(7)认真核对水、电、消防箱、管、盒的位置、标高，如有漏设的，需及时补设完毕。线盒、管、箱处出现裂缝的，需剔凿重做。

(8)墙面的丝孔、排水管的侧边均用泡沫胶填堵，其他部位须用 1：3 水泥砂浆填堵密实。

(9)顶部梁、板如有裂缝的，均要按照设计单位所出具的加固方案进行加固(方案及实体均通过质监站验收合格)整改。顶部如因模板等原因而造成的不平、漏浆等现象的，要找平，打磨完毕。

(10)水、电、消防分项工程的线盒、箱四周及线管处均粘贴钢丝网，每侧宽度不得少于150 mm，排气管处可用纤维网满粘贴，侧边宽度不得少于 150 mm。

(11)墙面结合层用水泥加胶加水呈糊状，人工用滚子滚浆或喷浆机喷浆两种，效果为到位、均匀，不污染顶板、箱、线盒等。

(12)粉刷标点的厚度为 25 mm，顶面为 30 mm×30 mm，底层标点距离楼面为 0.4 m，顶层标点距离楼面 2.2 m，水平标点距离端部为 0.2 m，中部间距为 1.5～1.8 m。达到以上标准后，申报监理部门和建设单位审核，报质监站进行主体结构验收。

3. 主体结构验收记录表

主体结构验收记录范例见表 12-1。

表 12-1　主体结构验收记录表(范例)

工程名称	实训办公楼 1#	施工日期	×年×月×日
建筑面积	30.64 m²	验收日期	×年×月×日
检查内容	1. 施工技术保证资料。 2. 工程安全和功能检验资料。 3. 砖砌体的组砌方法。 4. 混凝土外观。 5. 钢筋保护层局部破损检查。		
检查结果	1. 施工技术保证资料基本齐全。 2. 工程安全和功能检验资料齐全有效。 3. 砖砌体的组砌方法合理。 4. 混凝土外观较好。 5. 钢筋保护层符合设计及规范要求。		
验收结论	主体分部验收合格		
参加验收单位			
建设单位	勘察单位	设计单位	施工单位	监理单位
××	××	××	××	××

4. 建筑物垂直度、标高、全高测量记录(主体)

建筑物垂直度、标高、全高测量记录(主体)范例见表12-2。

表12-2 建筑物垂直度、标高、全高测量记录(主体)

工程名称			实训办公楼1#			结构类型/层数			框架结构二层				
工程形象进度			主体完	全高5.4(m)		观测日期			×年×月×日				
序号	项目			允许偏差/mm		测量记录							
1	砌体结构	楼面标高		±15									
		垂直度	全高 ≤10 m	10									
			全高 >10 m	20									
2	混凝土结构	标高	层高	±10		8	6	4	−5	7	2	−5	4	−2
			全高	±30		10	−15	14	12	11	−9	10	9	−3
		垂直度	层高 ≤5 m	8									
			层高 >5 m	10									
			全高(H)	H/1 000 且≤30		8	10	5	9	12	7		
3	钢结构	单层钢结构	钢屋(托)架、榀架、梁及受压杆件垂直度	h/250、且不应大于15.0									
			整体垂直度	H/1 000 且不应大于25.0									
		多层及高层钢结构	单节柱的垂直度	h/1 000,且不应大于10.0									
			整体垂直度	(H/2 500＋10.0) 且不应大于50.0									
			全高(H)	用相对标高控制安装: ± $\sum (\Delta n＋\Delta z＋\Delta w)$ 用设计标高控制安装: H/1 000,且不应大于 30.0－H/1 000,且不应小于−30.0									

观测说明:

建筑物全高在四个大角进行实测检查;垂直度检查每个大角在不同侧面检查两点;层高在Ⓐ~Ⓑ轴与①~②轴间预留孔进行检查。

施工单位检查评定结果	建筑物层高抽查偏差值、四大角垂直度偏差值、四大角全高偏差值均符合规范要求。 项目技术负责人:×× ×年×月×日
建立(建设)单位验收结论	层高、标高、垂直度偏差值均符合规范规定。 总监理工程师(建设单位项目负责人):×× ×年×月×日

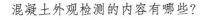

混凝土外观检测的内容有哪些?

参考答案

模块十三 屋面工程

1. 女儿墙砌筑。
2. 找平层、保温层、防水层技术交底及安全技术交底。
3. 屋面蓄水试验。
4. 各层的工程量计算。
5. 各层的验收。

1. 各层的施工。
2. 根据规范内容对屋面各层进行检测。

任务一　女儿墙砌筑

(1)技术交底同混凝土小型空心砌块砌体工程。

(2)安全技术交底同屋面施工安全技术交底。

(3)砌体体积计算：

$$V=[(5.00-0.10\times2)\times2+(3.00-0.10\times2)\times2]\times0.20\times0.30=0.91(m^3)$$

(4)砌体材料用量：

1)砌块：0.91 m³。

2)水泥：16.10 kg。

3)砂：105.34 kg。

4)砂浆：0.35 kg。

任务二　1∶3水泥砂浆找平层技术交底

一、施工准备

1. 技术准备

熟悉施工图纸及图纸会审记录、设计变更。编制屋面找平层施工方案，并经审批。

2. 材料准备

(1)水泥：普通硅酸盐水泥，强度等级为 42.5。

(2)砂：中砂。

(3)水：采用饮用水。

3. 机具准备

(1)设备：混凝土搅拌机。

(2)主要工具：平锹、手推车、铁抹子、木抹子、水平刮杠等。

4. 作业条件

屋面结构层或保温层已施工完成，并办理隐检验收手续。

二、施工工艺

1. 工艺流程

工艺流程：清理基层→贴饼充筋→铺找平层→养护→验收。

2. 操作工艺

(1)清理基层：将结构层、保温层表面松散的水泥浆、灰渣等杂物清理干净。

(2)突出屋面结构(如女儿墙、山墙、天窗壁、变形缝、烟囱等)的交接处和基层的转角处，找平层均应做成圆弧形，圆弧半径应符合表 13-1 的要求。在内部排水的水落口周围，找平层应做成略低的凹坑。

表 13-1　转角处找平层圆弧半径

卷材种类	圆弧半径/mm
沥青防水卷材	100～150
高聚物改性沥青防水卷材	50
合成高分子防水卷材	20

(3)贴饼充筋：根据坡度要求拉线找坡贴灰饼，灰饼间距以 1～2 m 为宜，冲筋的间距为 1～2 m。在排水沟、雨水口处先找出泛水，冲筋后进行找平层抹灰。

(4)铺找平层：

1)洒水湿润。找平层施工前，应适当洒水湿润基层表面，以无明水、阴干为宜。

2)如找平层的基层采用加气板块等预制保温层时，应先将板底垫实找平，不易填塞的立缝、边角破损处，宜用同类保温板块的碎块填实填平。

3)找平层宜设分格缝，并嵌填密封材料。分格缝应留设在屋脊、板端缝处，其纵横缝的最大间距不宜大于 6 m。

4)抹面层、压光。

①第一遍抹压：天沟、拐角、根部等处应在大面积抹灰前先做，有坡度要求的必须做好，以满足排水要求。大面积抹灰是在两筋中间铺砂浆(配合比应按设计要求)，用抹子摊平，然后用刮杠刮平。用铁抹子轻轻抹压一遍，直到出浆为止。砂浆的稠度应控制在 70 mm 左右。

②第二遍抹压：当面层砂浆初凝后，走人有脚印但面层不下陷时，用铁抹子进行第二遍抹压，将凹坑、砂眼填实抹平。

③第三遍抹压：当面层砂浆终凝前，用铁抹子压光无抹痕时，应用铁抹子进行第三遍压光，此遍应用力抹压，将所有抹纹压平，使面层表面密实光洁。

5）养护：面层抹压完即进行覆盖塑料薄膜布并洒水养护，每天洒水不少于2次，养护时间一般不少于7 d。

三、质量标准

1. 主控项目

找平层的材料质量及配合比必须符合设计要求。

检验方法：检查出厂合格证、质量检验报告和计量措施。

2. 一般项目

(1)基层与突出屋面结构的交接处和基层的转角处均应做成圆弧形，且整齐平顺。

检验方法：观察和尺量检查。

(2)打平层应平整、压光，不得有酥松、起砂、起皮现象。

检验方法：观察检查。

(3)找平层分格缝的位置和间距应符合设计要求。

检验方法：观察和尺量检查。

(4)找平层表面平整度的允许偏差为5 mm。

检验方法：用2 m靠尺和楔形塞尺检查。

(5)屋面找平层的施工质量检验数量，应按屋面面积每100 m² 抽查1处，每处10 m²，且不得小于3处。

四、成品保护

(1)找平层养护少于4 h及强度未达到1.2 MPa时，不得踩踏。用小车运输时，应铺脚手板车道，防止破坏找平层。

(2)对雨水口、内排水口等部位应进行遮挡，防止杂物进入造成堵塞。

五、应注意的质量问题

(1)为防止找平层起砂，砂浆拌和时配合比应准确，砂浆强度等级应满足设计要求，砂浆抹压应做到面层密实清洁，养护不得过早或过晚，并不得过早上人踩踏。

(2)为防止找平层空鼓、开裂，应注意下面几个问题：所用砂不应过细，基层表面应清理干净，施工前应浇水湿润。找平层厚薄应均匀、养护应充分。屋面的转角处、出屋管根和埋件周围等处的找平层不得漏压。

(3)女儿墙根部与找平层之间应设温度缝，以避免女儿墙出现裂缝。

任务三　工程量计算

1.1 : 3水泥砂浆找平层面积

$$S = (5.00 - 0.20 \times 2) \times (3.00 - 0.20 \times 2) = 11.96(m^2)$$

2. 女儿墙内侧抹砂浆面积

$$S=[(5.00-0.20\times2)+(3.00-0.20\times2)]\times2\times0.30=4.32(m^2)$$

3. 材料用量

(1)水泥：141.24 kg。

(2)砂：0.34 m³。

要点说明

1:3 比例为质量比，而非体积比。

任务四　屋面找平层工程检验批质量验收记录表

屋面找平层工程检验批质量验收记录范例见表13-2。

表 13-2　屋面找平层工程检验批质量验收记录表(范例)

(GB 50207—2012)

单位(子单位)工程名称			实训办公楼1#		
分部(子分部)工程名称			建筑屋面分部工程	验收部位	屋面
施工单位			××班级××小组	项目经理	××
分包单位			/	分包项目经理	/
施工执行标准名称及编号					
施工质量验收规范的规定			施工单位检查评定记录		监理(建设)单位验收记录
主控项目	1	材料质量及配合比	第4.2.5条	√	合格
	2	找坡层找平层排水坡度	第4.2.6条	√	
一般项目	1	找平层抹平、压光	第4.2.7条	√	合格
	2	交接处和转角细部处理	第4.2.8条	√	
	3	找平层分格缝宽度和间距	第4.2.9条	√	
	4	表面平整度允许偏差	5 mm	1　2　1　3　3	
施工单位检查评定结果		专业工长(施工员)		××	施工班组长	××
		检查评定合格				
		项目专业质量检查员：××				×年×月×日
监理(建设)单位验收结论		同意验收				
		专业监理工程师：××				
		(建设单位项目专业技术负责人)				×年×月×日

任务五　屋面保温层

一、施工准备

1. 技术准备

(1)熟悉图纸及图纸会审记录、设计变更。编制屋面工程施工方案。

(2)复核设计做法是否符合现行《屋面工程技术规范》(GB 50345—2012)的要求。

(3)核对各种材料的见证取样、送试、检测是否符合要求。

2. 材料准备

(1)板状保温材料:聚苯乙烯泡沫类,板状保温材料质量要求见表13-3。

表 13-3　板状保温材料质量要求

项目	聚苯乙烯泡沫类		硬质聚氨酯泡沫塑料	泡沫玻璃	加气混凝土类	膨胀珍珠岩类
	挤压	模压				
表观密度 /(kg·m⁻³)	—	15~30	≥30	≥150	400~600	200~350
压缩强度 /kPa	≥250	60~150	≥150	—	—	—
导热系数 /[W·(m·k)⁻¹]	≤0.030	≤0.041	≤0.027	≤0.062	≤0.220	≤0.087
抗压强度 /MPa	—	—	—	≥0.4	≥2.0	≥0.3
70 ℃,48 h 后尺寸变化率/%	≤2.0	≤4.0	≤5.0	—	—	—
吸水率 (v/v)/%	≤1.5	≤6.0	≤3.0	≤0.5	—	—
外观质量	板材表面基本平整,无严重凹凸不平					

(2)进场的保温隔热材料抽样数量,按使用的数量规定,同一批材料至少应抽样一次。

(3)进场的板状保温材料物理性能检验项目:表观密度、压缩强度、抗压强度。

(4)保温隔热材料的贮运、保管应符合下列规定:

1)保温材料应采取防雨、防潮的措施,并分类堆放,防止混杂。

2)板状保温材料在搬运时应轻放,防止损伤断裂、缺棱掉角,保证板的外形完整。

3. 机具准备

搅拌机、压实工具、平锹、手推车、木抹子、刮杠、小白线、滚筒等。

4. 作业条件

(1)铺设保温层的屋面基层施工完毕,并经检查办理交接验收手续,屋面清理干净。

(2)试验室根据现场材料,通过试验提出保温材料的施工配合比。

二、施工工艺

1. 工艺流程

工艺流程：基层清理→弹线找坡→分仓→保温层铺设→验收。

2. 操作工艺

(1)清理基层：现浇混凝土基层平整、干燥和干净。

(2)弹线找坡、分仓：按设计坡度及流水方向，找出屋面坡度走向，确定保温层的厚度范围。

(3)保温层铺设：

1)铺设板状保温层。

①聚苯板块保温材料，找平拉线铺设。铺前先将接触面清扫干净，板块紧密铺设、铺平、垫稳。

②保温板缺棱掉角，用同类材料的碎块嵌补，用同类材料的粉料加适量水泥填嵌缝隙。

2)保温层设置在防水层下部时应做找平层。

三、质量标准

1. 主控项目

(1)保温材料的堆积密度或表现密度、导热系数以及板材的强度、吸水率，必须符合设计要求。

检验方法：检查出厂合格证、质量检验报告和现场抽样复验报告。

(2)保温层的含水率必须符合设计要求。

检验方法：检查现场抽样检验报告。

2. 一般项目

保温层的铺设符合下列要求：

(1)板状保温材料：紧贴(靠)基层铺平垫稳，拼缝严密，找坡正确。

检验方法：观察检查。

(2)保温层厚度的允许偏差：整体现浇保温层为$+10\%$，-5%；板状保温材料为$\pm5\%$，且不得大于 4 mm。

检验方法：用钢针插入和尺量检查。

四、成品保护

(1)将松散或板状保温材料运到场地，堆放在平整坚实的现场上分别保管、遮盖，防止雨淋、受潮或破损、污染。

(2)在已铺完的保温层上行走胶轮车，垫脚手板保护。

(3)保温层施工完成后，及时铺抹找平层，以减少受潮和雨水进入，使含水率增大。在雨期施工时，要采取防雨措施。

五、应注意的质量问题

(1)保温层功能不良。主要是保温材料导热系数、粒径级配、含水量、铺实密度等问题；施工选用的材料应达到技术标准，控制密度、保证保温的功能效果。

（2）铺设厚度不均匀。铺设时不认真操作。应拉线找坡，铺顺平整，操作中应避免材料在屋面上堆积二次倒运，保证均质铺设。

（3）保温层边角处质量问题。边线不直，边槎不齐整，影响找坡、找平和排水。

（4）板块保温材料铺贴不实。影响保温、防水效果，造成找平层裂缝，严格达到规范的质量标准，严格验收管理。

要点说明

屋面是屋顶的面层，暴露在大气之中，直接受自然界的侵蚀，人为的冲击与摩擦，因此要求具有一定的强度、保温隔热性、防水性和良好的耐久性。

任务六　工程量计算

1. 聚苯乙烯泡沫板体积计算

$$V = 4.60 \times 2.60 \times 0.02 = 0.24 (\text{m}^3)$$

2. 1∶8 水泥珍珠岩找坡体积计算

（1）求最高点厚度：$\dfrac{3}{100} = \dfrac{X}{(5.00 - 0.20 \times 2)}$

$X = 0.138 (\text{m})$。

（2）求平均厚度：$0.138 \div 2 = 0.069 (\text{m})$。

（3）总厚度：$0.069 + 0.02 (\text{最薄处}) = 0.089 (\text{m})$。

（4）$V = 4.60 \times 2.60 \times 0.089 = 1.06 (\text{m}^3)$。

3. 材料用量

（1）20 mm 厚苯板：$0.24 \ \text{m}^3$。

（2）1∶8 水泥珍珠岩：$1.06 \ \text{m}^3$。

任务七　屋面保温层工程检验批质量验收记录表

屋面保温层工程检验批质量验收记录范例见表 13-4。

表 13-4　板状材料屋面保温层工程检验批质量验收记录表（范例）
(GB 50207—2012)

单位(子单位)工程名称	实训办公楼 1#		
分部(子分部)工程名称	建筑屋面分部工程	验收部位	屋面
施工单位	××班级××小组	项目经理	××
分包单位	/	分包项目经理	/
施工执行标准名称及编号			
施工质量验收规范的规定	施工单位检查评定记录		监理(建设)单位验收记录

		单位(子单位)工程名称		实训办公楼1#										
主控项目	1	板状保温材料质量	第5.2.4条	√										合格
	2	板状材料保温层的厚度	第5.2.5条	√										
	3	屋面热桥部位处理	第5.2.6条	√										
一般项目	1	板状保温材料铺设	第5.2.7条	√										合格
	2	固定件的规格、数量和位置	第5.2.8条	/										
	3	板状材料保温层表面平整度允许偏差	5 mm	3	1	5	4	4	2	1	1	2		
	4	板状材料保温层接缝高低差允许偏差	2 mm	2	1	1	2	1	1	2	1	1	2	

	专业工长(施工员)	××	施工班组长	××
施工单位检查评定结果	检查评定合格			
	项目专业质量检查员：××			×年×月×日

	同意验收	
监理(建设)单位验收结论	专业监理工程师：××	
	(建设单位项目专业技术负责人)	×年×月×日

任务八 1∶3水泥砂浆找平层

(1)技术交底同第一遍找平层。

(2)1∶3水泥砂浆找平层面积计算 $S=4.60\times2.60=11.96(m^2)$。

(3)材料用量：

1)水泥：128.40 kg。

2)砂：0.31 m^3。

任务九 SBS改性沥青卷材防水层技术交底

一、施工准备

1. 技术准备

(1)熟悉图纸及图纸会审记录、设计变更。编制屋面防水施工方案，并经审批。

(2)复核设计做法是否符合现行《屋面工程技术规范》(GB 50345—2012)的要求。

(3)核对各种材料的见证取样、送试、检测是否符合要求。

2. 材料准备

(1)防水层材料有产品合格证书和性能检测报告，材料的品种、规格、性能等符合现行国家产品标准和设计要求，并按规定进行见证，现场抽样复试合格。

（2）卷材防水层施工时选用的基层处理剂、接缝胶粘剂、密封材料等配套材料与铺贴的卷材材性相容（由外聘专业人员自备）。

（3）高分子聚合物（简称高聚物）改性沥青卷材：弹性体（SBS）改性沥青防水卷材。

3. 机具准备

（1）外聘专业人员自备部分：喷灯、剪刀、长把刷、滚动刷、自动热风焊接机、高压吹风机、电动搅拌器。

（2）实训小组配备部分：钢卷尺、铁抹子、扫帚、小白线。

4. 作业条件

（1）各道工序建立自检、交接检和专职人员检查的"三检"制度，并有完善的检查记录。防水层施工前，经监理（建设）单位检查验收。

（2）防水层由经资质审查合格的防水专业队伍进行施工。工作人员持有当地住房城乡建设行政主管部门颁发的上岗证书。

（3）铺贴防水层的基层表面，应将尘土、杂物彻底清扫干净。表面残留的灰浆硬块及突出部分应清理干净，不得有空鼓、开裂及起砂、脱皮等缺陷。

（4）基层坡度符合设计要求。

（5）基层表面保持干燥，并要平整、牢固，阴阳角转角处做成圆弧，阴阳角的做法是在基层上距离角每边 100 mm 范围内，要用密封材料涂封，然后铺贴增强附加层。干燥程度的检验方法是将 1 m² 卷材平坦地干铺在找平层上，静止 3～4 h 后掀开检查，找平层与卷材上未见水印即可铺设。

（6）防水所用的卷材、胶粘剂、基层处理剂、二甲苯等，均属易燃物品，存放和操作远离火源，在通风、干燥的室内存放，防止发生意外。

（7）气候条件：雨天禁止施工。基层表面干燥后方可施工。5 级及其以上大风天气不得施工。气温高于 35 ℃时，施工尽量避开中午，热熔法施工气温不宜低于−10 ℃。

二、施工工艺（热熔法）

1. 工艺流程

工艺流程：基层清理→涂刷基层处理剂→铺贴卷材附加层→热熔铺贴卷材→热熔封边→白铁皮压毡条→蓄水试验→验收。

2. 操作工艺

（1）涂刷基层处理剂。高聚物改性沥青卷材可按照产品说明书配套使用，使用前在清理好的基层表面，将改性沥青胶粘剂加入工业汽油稀释，搅拌均匀，用长把滚刷均匀涂布于基层上，经过 4 h 后，开始铺贴施工材料。

（2）附加层施工。女儿墙、阴阳角等细部先做附加层，热熔法使用改性沥青卷材施工，必须粘贴坚固。

（3）热熔铺贴卷材。按弹好标准线的位置，在卷材的一端用汽油喷灯火焰将卷材层熔融，随即固定在基层表面，用喷灯火焰对准卷材和基层表面的夹角，喷枪距离交界300 mm 左右，边熔融涂盖层边跟随熔融范围缓慢地滚铺改性沥青卷材，卷材下面的空气应排尽，并滚压黏结牢固，不得出现空鼓。卷材的长短边搭接不应少于 80 mm，接缝处要用喷灯的火焰熔焊粘牢，边缘部位必须溢出热熔的改性沥青胶。随即刮封接口，防止出现张嘴和翘边。

（4）卷材铺贴方向符合下列规定：

1）屋面坡度小于3％时，卷材宜平行屋脊铺贴。

2）屋面坡度在3％以上或受振动时，卷材平行或垂直脊铺贴。

3）上下层卷材不得相互垂直铺贴。

4）热熔铺贴卷材时，喷灯嘴应处在成卷卷材与基层夹角中心线上，距离粘贴面300 mm左右处。

5）接缝熔焊黏结后再用火焰及抹子在接缝边缘上均匀地加热抹压一遍。

6）平面部分卷材铺完经蓄水试验验收合格后，按设计要求，做好保护层。直接在防水层表面涂刷银色反光涂料。

（5）卷材末端收头。在卷材铺贴完后，应采用橡胶沥青胶粘剂将末端黏结封严，防止张嘴翘边，造成渗漏隐患。

（6）裂缝维修。

1）施工后，若发现防水层开裂，宜在缝内嵌填密封材料，缝上单边点粘宽度不应小于100 mm卷材隔离层，面层用宽度大于300 mm卷材铺贴覆盖，其与原防水层有效黏结宽度不小于100 mm。嵌填密封材料前，先清除缝内杂物及裂缝两侧面层浮灰，并喷、涂基层处理剂。

2）采用密封材料处理裂缝。首先清理裂缝50 mm范围内的卷材，清理干净后涂刷基层处理剂并设置背衬材料、嵌填密封材料，表面成弧形。

（7）屋面防水保护层。

1）屋面防水保护层为着色剂涂刷。

2）着色剂涂刷。适用于非上人屋面。首先将防水层表面清擦干净，并要保证表面干燥，着色剂色调应柔和，颜色不能过重，用涂料辊子沾着色剂均匀涂刷在防水层表面且不小于两遍，涂刷后颜色均匀，无漏刷、透底、掉色。

3）防水保护层在施工过程中，加强对防水层的成品保护。

三、质量标准

1. 主控项目

（1）高聚物改性沥青防水卷材及胶粘剂的品种、牌号及胶粘剂的配合比，必须符合设计要求和有关标准的规定。

（2）卷材防水层及其泛水、水落口等处的细部做法，必须符合设计要求和屋面工程技术规范的规定。

（3）卷材防水层严禁有渗漏或积水现象。

2. 一般项目

（1）铺贴卷材防水层的搭接缝应粘（焊）牢、密封严密，不得有褶皱、翘边和鼓泡等缺陷；防水层的收头与基层粘贴并固定，缝口封严，不得翘边。阴阳角处应呈圆弧或钝角。

（2）聚氨酯底胶涂刷均匀，不得有漏刷和麻点等缺陷。

（3）卷材防水层铺贴、搭接、收头符合设计要求和屋面工程技术规范的规定，且黏结牢固，无空鼓、滑移、翘边、起泡、皱褶、损伤等缺陷。

（4）卷材防水层上浅色涂料保护层涂刷均匀、黏结牢固、颜色均匀。

（5）卷材的铺贴方向正确，卷材搭接宽度的允许偏差为－10 mm。

四、成品保护

(1)对已铺贴好的卷材防水层及时采取保护措施，不得损坏，以免造成隐患。

(2)防水层施工完工后，及时做好保护层。

(3)施工时不得污染墙面等部位。

五、应注意的质量问题

1. 空鼓

卷材防水层空鼓，发生在找平层与卷材之间，且多在卷材的接缝处。

(1)原因分析。

1)防水层中有水分，找平层不干，含水率过大。

2)空气排除不彻底，卷材没有粘贴牢固。

(2)预防措施。

1)施工中控制基层含水率。

2)找平层平整、干燥，冷底子油涂刷均匀。

3)不在雨天、大雾、大风或风沙天施工。

4)卷材不得受潮，表面清刷干净。

(3)补救措施。直径在 300 mm 以上的鼓泡维修，可按斜十字形将鼓泡切割，放出气体，翻开晾干，清除原有胶粘材料，将切割翻开部分的防水层卷材重新分片按屋面流水方向粘贴，并在面上增铺贴一层卷材(其边长应比开刀范围大 100 mm)，将切割翻开部分卷材的上片压贴，粘牢封严。

2. 渗漏发生在卷材搭接处等部位

(1)伸缩缝未断开，产生防水层撕裂。

(2)其他部位由于粘贴不牢、卷材松动或衬垫材料不严、有空隙等。

(3)接槎处漏水原因是甩出的卷材未保护好，出现损伤和撕裂，或基层清理不干净，卷材搭接长度不够等。

(4)施工中加强检查，严格执行工艺规程，认真操作。

3. 卷材破损

(1)基层清扫不干净，残留砂砾或小石子。

(2)施工人员穿硬底鞋或带钢钉鞋子。

(3)在防水层上做保护层时，运输小车直接将砂浆或混凝土倾倒在防水层上。

4. 开裂

(1)原因分析。

1)屋面板板端变形，找平层开裂。

2)温度变化使基层收缩变形。

3)卷材搭接太少，卷材质量较低，老化脆裂。

4)沥青胶韧性差，发脆，熬制温度过高，老化。

5)施工机械振动。

6)建筑物不均匀沉陷。

7)找平层分格缝设置不当。

(2)预防措施。

1)在应力集中、基层变形大的部位，先干铺一层油毡作补充层。

2)卷材通过检验，符合质量标准。

3)胶结料经过试配，玛𤩽脂的熬制温度和熬制时间应适当。

(3)补救措施。已经发生裂缝的屋面，可用盖缝条补缝或嵌缝油膏补缝，待变形稳定后进行局部翻修。

5. 流淌

屋面有褶皱、垂直面卷材被拉开等都属于屋面流淌。

(1)原因分析。

1)沥青玛𤩽脂的耐热度过低，天热软化。

2)沥青玛𤩽脂涂刷过厚，产生蠕动。

3)玛𤩽脂配比不当及胶结层过厚。

4)保护层脱落，辐射温度过高，引起软化。

5)屋面坡度过陡，且平行屋脊铺贴卷材。

(2)预防措施。

1)每层玛𤩽脂厚度控制在1～1.5 mm范围，玛𤩽脂配合比根据设计耐热度要求试配，施工配合时要严格计量。

2)保护层的施工要认真，绿豆沙要洗净、烘干预热。

(3)补救措施。

1)已经发生流淌时，可局部切除重做，也可刮除底部玛𤩽脂后重新用耐热度高的玛𤩽脂粘贴。

2)刚开始流淌时，对于垂直屋脊铺设的卷材部分，可用钢钉加压条压紧卷材，再在其表面做好防渗措施。

6. 不规则裂缝

(1)基层刚度不足，在结构变形、温度干缩变形和振动等因素影响下，基层开裂，卷材也随之被撕裂。

(2)采取满铺胶粘剂法铺设，卷材伸缩受到限制，易于开裂。

(3)节点构造未采取应变措施。

任务十　工程量计算

1. SBS 改性沥青防水卷材面积

(1)水平面积：$S = 4.6 \times 2.6 = 11.96(\text{m}^2)$。

(2)上返女儿墙面积：$S = (4.6 + 2.6) \times 2 \times 0.25 = 3.6(\text{m}^2)$。

(3)SBS 改性沥青防水卷材面积：$S = 11.96 + 3.6 = 15.56(\text{m}^2)$。

2. 白铁皮压毡条(3 mm 宽)

$L = (4.6 + 2.6) \times 2 = 14.4(\text{m})$。

3. 材料用量

(1)SBS 改性沥青卷材，19.2 m²。

(2)冷底子油(3∶7)，4.67 kg。

(3)白铁皮，14.4 m。

📖 **要点说明**

高聚物改性沥青防水卷材，是指对石油沥青进行改性，改善防水卷材使用性能，延长防水层寿命而生产的一类沥青防水卷材。

任务十一　屋面施工安全技术交底

(1)进入作业现场必须按照规定正确佩戴安全防护用品。

(2)不适应高处作业的人员不能进行屋面工程施工作业。

(3)施工前先检查脚手架、防护栏杆、安全网架设是否牢固。屋面檐口周围设不低于 1.40 m 高的防护栏杆。

(4)屋面杂物集中运至地面指定地点，屋面预留孔洞进行封堵。

(5)严禁在作业时追逐打闹，严禁向上或向下乱扔材料和工具。

(6)材料运至屋面后分开均匀，分类码放于屋面上，严禁集中荷载过大。

(7)卷材防水施工由外聘专业人员负责，实习实训指导教师及学生站在安全区域参观见习。

(8)五级以上大风及下雨天气停止施工。

(9)服从实习实训指导教师及小组安全员指挥。

📖 **要点说明**

试水时间是蓄水试验的关键。

任务十二　卷材防水层工程检验批质量验收记录表

卷材防水层工程检验批质量验收记录范例见表 13-5。

表 13-5　卷材防水层工程检验批质量验收记录表(范例)

(GB 50207—2012)

单位(子单位)工程名称	实训办公楼 1#		
分部(子分部)工程名称	建筑屋面分部工程	验收部位	屋面
施工单位	××班级××小组	项目经理	××
分包单位	/	分包项目经理	/

单位(子单位)工程名称			实训办公楼1#										
施工执行标准名称及编号													

施工质量验收规范的规定				施工单位检查评定记录									监理(建设)单位验收记录
主控项目	1	卷材及配套材料质量	第6.2.10条	✓									合格
	2	卷材防水层不得渗漏、积水	第6.2.11条	✓									
	3	防水细部构造	第6.2.12条	✓									
一般项目	1	卷材搭接缝质量	第6.2.13条	✓									合格
	2	卷材防水层质量	第6.2.14条	✓									
	3	卷材铺贴方向	第6.2.15条	✓									
	4	屋面排汽结构	第6.2.16条	✓									
	5	搭接宽度允许偏差	−10 mm	−2	−3	−8	−9	−5	−6	−8	−9	−4	−7

	专业工长(施工员)	××	施工班组长	××
施工单位检查评定结果	**检查评定合格** 项目专业质量检查员：××			×年×月×日
监理(建设)单位验收结论	**同意验收** 专业监理工程师：×× (建设单位项目专业技术负责人)			×年×月×日

任务十三　蓄水试验

1. 屋面蓄水试验方案

(1)屋面防水层施工完毕后，经监理单位验收合格后即可做屋面蓄水试验。

(2)采用全面人工蓄水法，水源为饮用水，由小水桶送至屋面。屋面蓄水高度为50 mm，蓄水时间为2 h。

(3)蓄水前对所有妨碍试验的屋面洞口经密实封堵。

(4)试验过程中必须有建设单位、监理单位监督。及时对试验不合格部位进行标定、记录，以作为试验后整改的依据。

(5)试验结束后，屋面所蓄的水用小水桶送到指定地点。

2. 屋面蓄水试验记录表

屋面淋水（蓄水）检查记录范例见表 13-6。

表 13-6　屋面淋水（蓄水）检查记录

C04-4-02-001

工程名称	实训办公楼 1#		施工单位		××班级××小组	
检查部位	卷材防水屋面	结构形式	框架结构	建筑面积/m²		30.64
检查方式	第一次蓄水√第二次蓄水		试水日期	从×年×月×日 8 时		
	淋水雨期观察			至×年×月×日 10 时		
试水简况： 1. 用小水桶将水送至屋面。屋面蓄水高度为 50 mm。 2. 蓄水时间为 2 h						
检查结果： 对所有顶层房间进行了检查，无渗漏现象，检查合格，符合要求						
复查意见： 监理单位、建设单位、施工单位共同检查，屋面淋水无渗漏现象，符合要求						
参加人员	监理（建设）单位	施工单位				
	××、××	专业技术负责人		质量检查员		资料员
		××		××		××

内质检软件登记号：47681093

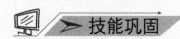

技能巩固

屋面卷材防水上返女儿墙高度是如何确定的？

参考答案

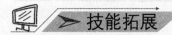

技能拓展

屋面保护层施工有哪些要求？

模块十四　外墙保温工程

1. 外墙保温施工技术交底和安全技术交底。
2. 外墙保温聚苯板施工排列图。
3. 保温材料用量计算。
4. 保温基层处理，保温层、抹面层验收。

1. 绘制外墙保温聚苯板排列图。
2. 外墙保温施工。
3. 根据规范内容对外墙保温进行检测。

任务一　外墙保温施工技术交底

一、施工准备

1. 技术准备

(1)熟悉施工图纸及图纸会审记录、设计变更。编制外墙保温施工方案，并经审批。

(2)根据施工方案，掌握保温系统施工要求、施工内容、施工作业环境。

(3)依据工程量、施工部位合理地组织施工。

2. 材料准备

(1)发泡式聚苯乙烯保温板(EPS板)。

(2)FIRST专用胶粘剂。

(3)玻纤网(网孔尺寸4 mm×4 mm，质量为160 g/m²)。

(4)锚固件 $\phi 8$ 聚乙烯胀栓，采用长120 mm镀锌螺丝和塑料垫板($\phi 50$ mm)对聚苯板进行固定。

(5)砂纸。

3. 机具准备

手提式搅拌器、电锤、不锈钢抹子、木抹子、阴阳角抹子、2 m靠尺、弹线墨盒、壁纸刀、铲刀等。

4. 作业条件

(1)搭设的临时脚手架必须平稳、牢固。

(2)基层墙体验收完毕，达到规范要求。

(3)环境温度不低于 5 ℃，风力不大于 5 级。

(4)雨季做好防雨措施，雨天停止施工。

二、施工工艺

1. 工艺流程

外墙保温施工工艺流程如图 14-1 所示。

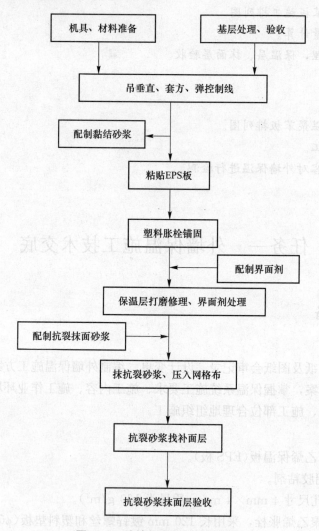

图 14-1　外墙保温施工工艺流程

2. 操作工艺

(1)基层处理。墙体垂直、平整度达到结构工程质量要求，凸起、空鼓和疏松部位剔除并找平。表面清洁，无浮土、油渍、污垢等。

（2）粘贴聚苯板。

1）粘贴聚苯板前，在建筑外墙阴阳角处挂垂直基准钢线，以控制聚苯板的垂直度和平整度。

2）在外墙面上沿设计室外地坪的位置用墨线弹出水平线。聚苯板由设计室外地坪开始，自下而上沿水平方向铺设黏结。

3）黏结胶浆的配制。根据胶粘剂供应商提供的配合比加入清水在干净容器中，用低速搅拌器搅拌成糊状胶浆，胶浆静置 5 分钟。使用前再搅拌一次使其具有适宜的黏稠度。黏结胶浆随用随搅拌，已搅拌好的胶浆必须在 3 h 内用完。

4）采用点框粘法：沿聚苯板背面的周边用不锈钢抹子涂抹宽度为 50 mm，厚度为 10～15 mm 配制好的黏结胶浆带。采用标准尺寸（600 mm×1 200 mm）聚苯板时，在板的中间部分至少均匀布置 8 个黏结点，每点直径不小于 140 mm，胶厚为 10～15 mm，中心距为 200 mm，当采用非标准尺寸聚苯板时，中间部位不少于 4 个黏结点。无论何种尺寸的聚苯板，黏结胶浆的涂抹面积都应大于板面积的 40%。

5）抹完黏结胶浆后，根据事先拉好的板上口线，立即将聚苯板黏结上墙，黏结时应轻轻地揉压，并用靠尺检查与相邻板面的平整度，若发现不平，可用靠尺轻轻敲打，并将挤出部分多余胶浆刮去。竖缝逐行错缝 1/2 板长，在墙角处交错互锁，并保证墙角垂直度。板缝挤紧，相邻间平齐，板缝间隙不大于 1.6 mm，板间高差不大于 1.5 mm，否则用砂纸打磨平整，打磨后清理表面漂浮颗粒和灰尘。

6）局部不规则处粘贴聚苯板可现场裁切，注意切口与板间垂直。整块墙面的边角处用最小尺寸超过 300 mm 宽的聚苯板，粘贴从阳角开始，逐渐向中段进行，将非整块板留在中段。

（3）安装锚固件。饰面层为涂料饰面，采用塑料锚固胀栓，在聚苯板粘贴 12 h 以后进行安装。原则上聚苯板对接点处均应设置塑料锚固胀栓，每块聚苯板中央至少设置 1 个塑料锚固胀栓。安装时按设计要求的位置用电锤钻孔，孔径为 10 mm，塑料锚固胀栓的有效锚固深度大于 25 mm，圆盘的直径要大于 50 mm。

（4）抹抗裂砂浆保护层。

1）检查聚苯板是否干燥，平整度及垂直度，去除板面的杂质。

2）标准网格布的铺设。

①抗裂砂浆搅拌均匀。

②在聚苯板表面均匀涂抹一层厚度为 3～4 mm、面积略大于裁剪好的网格布的底层聚合物抗裂砂浆，随后立即将网格布绷紧后铺贴上，用抹子由中间向四周把网格布压入底层砂浆的表层，要平整压实并保持网格布绷直，严禁出现褶皱。

③网格布采用搭接方式，要保证搭接宽度，一般要求横向为 100 mm，纵向为 800 mm。搭接施工要先压入一侧，抹一些抹面抗裂砂浆再压入另一侧，网格布自上而下沿外墙一圈一圈铺设。

④在底层砂浆压入标准网格布稍干硬至可以碰触时，立即用抗裂砂浆找补整个墙面，厚度为 1～2 mm，保证标准网格布被全覆盖。

⑤在转角部位铺设的标准网格布是连续的，并从每边双向绕角，后包墙的宽度不小于 20 mm。

⑥首层墙面铺贴双层标准网格布，两层标准网格布之间抗裂砂浆饱满。

三、质量标准

1. 主控项目

(1)聚苯板、网格布的规格和各项技术指标，聚合物砂浆的配置，原材料的质量必须符合有关国家标准、相关规范的要求。

(2)保温层的厚度及构造做法符合建筑节能设计要求，保温层厚度均匀，主体部位平均厚度不允许有负偏差。

(3)保温层与基层墙体及构造层之间必须黏结牢固，无脱层、空鼓、裂缝。

2. 一般项目

(1)表面平整、洁净、接槎平整，无明显抹纹，线角顺直、清晰，面层无粉化、起皮、爆灰现象。

(2)聚苯板安装的允许偏差符合表 14-1 的规定。

表 14-1 聚苯板安装允许偏差及检查方法

序号	项目	允许偏差/mm	检查方法
1	表面平整	3	用 2 m 靠尺和楔形塞尺检查
2	立面垂直	3	用 2 m 托线板检查
3	阴阳角垂直	3	用 2 m 托线板检查
4	阴阳角方正	3	用 200 mm 方尺和楔形塞尺检查
5	接缝高差	1.5	用直尺和楔形塞尺检查

四、成品保护

(1)对保温墙体，不得随意开凿打闹。

(2)防止重物撞击墙面。

五、应注意的质量问题

(1)施工温度不低于 5 ℃，5 级以上大风及雨雾天不得施工，否则会出现龟裂，耐水性下降。

(2)基层表面不宜过于干燥，清除基层表面的油污等妨碍黏结的附着物，凸起、空鼓、疏松部位剔除并找平，不得有脱层、空鼓、裂缝。面层不得有粉化起皮、爆灰、反碱现象。

(3)水泥的混合比例不当，如超过正常的配合比，树脂乳液成分浓度就会降低，造成胶粘剂附着力下降产生疏松及脱落。

(4)外保温系统脱落。其形成原因如下：

1)所用的胶粘剂中所含的纯丙树脂乳液和不含铁分子的硅砂达不到外保温专用技术对产品质量、性能要求。

2)黏结胶浆配合比不准确或选用水泥不符合外保温的技术要求。

3)基层表面平整度不符合外保温工程对基层的允许偏差项目的质量要求，平整度偏差过大。

4）基层表面含有妨碍黏结的物质，没有对其进行界面处理。

5）黏结面积不符合规范要求，黏结面积过小。

6）采用的聚苯板密度不足或过大。

（5）冬季内墙面反霜结露。其形成原因如下：

1）因保温节点设计方案不完善形成局部热桥。

2）聚苯板切割尺寸不符合要求或板间缝隙过大，并且在做保护层时没有做相应的保温板条的填塞处理。

3）楼体竣工期晚，墙体里的水分没有散发出来。

（6）保温层黏结时保温板的空鼓、虚贴。其形成原因如下：

1）基层墙面的平整度达不到要求。

2）墙面过于干燥或墙体含水量过大。

3）黏结胶浆的配置稠度过低或黏结胶浆的黏度指标控制不准确。

4）进行保温层施工时，用力猛压聚苯板的一端造成另一端翘起。敲、拍、震动板面引起黏结胶浆产生空鼓、虚贴。

5）对每块聚苯板的黏结胶浆涂抹高低不平、分布不均。

（7）锚栓的设置部位必须相互对应。

（8）玻纤网上涂抹黏结抹面胶浆，应采用两道抹灰法以避免先铺设玻纤网后涂抹面胶浆造成抹面剥离现象的出现。

📠 **要点说明**

采用新材料、新技术，选择适合本地区气候特点的外围护结构保温方式及科学合理的构造措施，提高外墙的保温性能，同时提高外窗的保温性和气密性，最大限度地减少建筑物使用过程中的采暖能耗并提高热能的利用效率。

任务二　外墙保温、抹灰安全技术交底

（1）进入作业现场必须按照规定正确佩戴安全防护用品。

（2）两人同时操作，保持安全距离。

（3）1.20 m 以上部分必须搭设平稳、牢固的临时脚手架。

（4）向脚手架上运砂浆时，注意脚手架上的操作人员，且只准放两个小灰桶，聚苯板采取一块块的传递方式轻拿轻放，不准放在脚手架上。

（5）脚手架下不准站人，操作人员不准向脚手架下甩砂浆，乱扔工具。

（6）六级以上大风及下雨天气停止施工。

（7）服从实习实训指导教师及小组安全员指挥。

任务三　外墙保温工程量计算

外墙保温聚苯板排列图如图 14-2 所示。

(1)外墙保温 20 mm 厚面积计算

$S=3.00\times3.00=9.00(\text{m}^2)$。

(2)材料用量：

1)聚苯板：9.27 m²。

2)玻纤网：11.70 m²。

3)$\phi8$ 聚烯胀栓：41 套。

4)FIRST 专用胶粘剂：49.5 kg。

5)抗裂砂浆：40.5 kg。

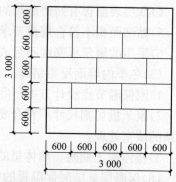

图 14-2　外墙保温聚苯板排列图

任务四　外墙保温检验批检查验收记录

1. 外墙保温基层处理检验批检查验收记录表

外墙保温基层处理检验批检查验收记录范例见表 14-2。

表 14-2　外墙保温基层处理检验批检查验收记录表(范例)

(GB 50411—2007)

工程名称		实训办公楼 1#					验收部位				外墙南立面	
施工单位		××班级××小组					项目经理				××	
施工依据标准							项目技术				××	
验收项目								施工单位			监理单位验收结论	
主控项目	基层所用材料及强度符合设计及有关标准要求				第 4.2.1 条			检查评定合格			同意验收	
	保温层与基层之间的黏结必须牢固				第 4.2.7 条			检查评定合格			同意验收	
	按设计和施工方案对基层进行处理				第 4.2.5 条			检查评定合格			同意验收	
	处理后的基层应符合保温层施工方案的要求				第 4.2.5 条			检查评定合格			同意验收	
一般项目	允许偏差项目		允许偏差	实测偏差								
	1	表面平整	3	2	1	2	3	1	1	3	2	2	1	3
	2	立面垂直	4	3	1	3	1	3	2	4	1	4	3	1
	3	阴、阳角方正	3	2	1	3	3	2	3	1	2		1	3
	4	阴、阳角垂直	3	3	1	1	3	1	3	3	1	1	3	1	2
	5	装饰线平直	4											
施工单位检查评定结果		检查评定合格										
		班组长：××							质检员：××			
		或专业工长：××							×年×月×日			
监理(建设)单位验收结论		同意验收										
		监理工程师：××										
		(建设单位项目技术负责人)							×年×月×日			

2. 外墙保温层检验批检查验收记录表

外墙保温层检验批检查验收记录范例见表 14-3。

表 14-3　外墙保温层检验批检查验收记录表(范例)

(GB 50411—2007)

工程名称	实训办公楼1#			验收部位	外墙南立面						
施工单位	××班级××小组			项目经理	××						
施工依据标准				项目技术负责人	××						

验收项目					施工单位检查评定结果		监理单位验收结论				
主控项目	保温层所用材料应符合设计及有关标准要求			第4.2.2条 第4.2.3条	合格		同意验收				
	保温层的厚度应符合设计要求,层间黏结牢固			第4.2.7条	合格		同意验收				
	保温层构造做法应符合设计要求并按施工方案施工			第4.2.6条	合格		同意验收				
	热桥部位的隔断热桥的处理			第4.2.15条	合格		同意验收				
一般项目	进场保温材料外观和包装			第4.3.1条	合格		同意验收				
	保温浆料层宜连续施工			第4.3.6条	合格		同意验收				
	锚栓安装应符合设计要求				合格		同意验收				
		允许偏差项目	允许偏差	实测偏差							
	1	表面平整	3 mm	2	2	1	1	3	2	3	1	3	2	2
	2	立面垂直	4 mm	4	3	1	2	2	4	2	1	4	2
	3	阴、阳角方正	3 mm	3	1	2	3	3	1	3	2	3	1	1
	4	阴、阳角垂直	3mm	3	1	2	1	2	2	3	3	2
	5	装饰线平直	2mm										

施工单位检查评定结果	检查评定合格 班组长:×× 专业工长:××质检员:×× ×年×月×日
监理(建设)单位验收结论	同意验收 监理工程师:×× (建设单位项目技术负责人) ×年×月×日

3. 外墙保温抹面层检验批检查验收记录表

外墙保温抹面层检验批检查验收记录范例见表14-4。

表 14-4　外墙保温抹面层检验批检查验收记录表(范例)

(GB 50411—2007)

工程名称	实训办公楼1#	验收部位	外墙北立面
施工单位	××班组××小组	项目经理	××
施工依据标准		项目技术负责人	××

验收项目			施工单位检查评定结果	监理单位验收结论
主控项目	抹面层所用材料应符合设计及有关标准要求	第4.2.1条	合格	同意验收
	抹面层所用材料复验符合设计要求	第4.2.3条	合格	同意验收
	抹面层和保温层黏结牢固	第4.2.7条	合格	同意验收

容易碰撞及不同材料交接处的特殊部位的加强措施	第4.3.7条	合格	同意验收
加强网的铺贴和搭接应符合设计和施工方案的要求	第4.3.2条	合格	同意验收

一般项目	序号	允许偏差项目	允许偏差	实测偏差									
	1	表面平整	3 mm	2	3	1	2	3	2	3	3	2	1	3
	2	立面垂直	4 mm	4	3	1	3	3	3	2	1	4	1	1
	3	阴、阳角方正	3 mm	2	2	1	3	3	1	2	3	3	2	2
	4	阴、阳角垂直	3 mm	3	1	2	2	3	1	3	3	2	2	3
	5	伸缩缝(装饰线)平直	2 mm											

施工单位检查评定结果	检查评定合格
	班组长：×× 质检员：×× 专业工长：×× ×年×月×日
监理(建设)单位验收结论	同意验收
	监理工程师：×× (建设单位项目技术负责人) ×年×月×日

技能巩固

薄板抹灰外墙保温系统与厚板抹灰外墙保温系统的区别是什么？

参考答案

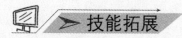

技能拓展

请以图示说明 EPS 板薄板抹灰系统的基本构造。

模块十五 楼(地)面工程

技能要点

1. 挤塑苯板保温。
2. 混凝土垫层、地砖面层、大理石楼梯面层技术交底。
3. 挤塑苯板、地砖面层、大理石楼梯面层施工排列图。
4. 地面材料用量计算。
5. 地面各层验收。

技能目标

1. 绘制地面各层施工排列图。
2. 地面各层施工。
3. 根据规范内容对地面各层进行检测。

任务一 20厚挤塑苯板

1. 挤塑苯板排列图

挤塑苯板排列图如图15-1所示。

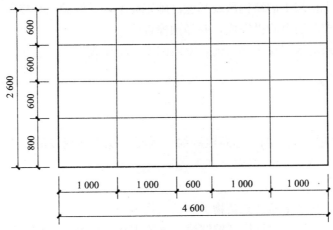

图15-1 挤塑苯板排列图

2. 工程量计算

(1)挤塑苯板体积计算 $V=4.60×2.60×0.02=0.24(m^3)$。

(2)材料用量：挤塑苯板，0.24 m³。

要点说明

如果底层与土壤接触的地面的热阻过小，地面的传热量就会很大，地表面就容易产生结露和冻脚现象。因此，为减少通过地面的热损失，提高人体的热舒适性，必须按照相关节能标准和设计文件对底层地面进行保温节能施工。

任务二　50 厚 C15 混凝土垫层技术交底

一、施工准备

1. 技术准备

熟悉图纸及图纸会审纪录、设计变更，编制施工方案，并经审批。

2. 材料准备

(1)水泥：普通硅酸盐水泥，强度等级为 42.5。

(2)细集料：中砂。

(3)碎石：粒径为 5～31.5 mm。

(4)水：采用饮用水。

(5)拌合物：无。

3. 机具准备

混凝土搅拌机、平板振捣器(外聘人员自备)、手推车、铁锹、筛子、刮杠、木抹子、胶皮水管、錾子、钢丝刷、磅秤、台秤、水准仪、靠尺、坡度尺、塞尺、钢尺等。

4. 作业条件

(1)水泥混凝土垫层下的结构层或基土已施工完毕，并经验收合格。

(2)水平标高控制线已测设完成，并经预检合格。

(3)在首层地面浇筑混凝土垫层前，室内回填已施工完毕。

二、施工工艺

1. 工艺流程

工艺流程：基层处理→测设标高控制线→混凝土搅拌→铺设混凝土→振捣→找平→养护→验收。

2. 操作工艺

(1)基层处理：基层干净，无杂物。

(2)测设标高控制线：根据标高控制线，量测出垫层标高，在四周墙、柱上弹出标高控制线。

(3)混凝土搅拌：根据配合比核对砂、石、水泥等材料，检查磅秤的精确性，严格按混凝土的配合比投料搅拌。

(4)铺设混凝土：

1)铺设混凝土前先在基层上洒水湿润，刷一道聚合物水泥浆[水胶比为1：（0.4～0.5）]，随刷随铺混凝土。铺设应从一端开始，由内向外退着操作，或由短边开始沿长边方向进行铺设。

2)振捣：用铁锹摊铺混凝土，厚度略高于垫层面，随即用平板振捣器振捣。不得漏振，保证混凝土密实，并按规定留置混凝土试块以检验其强度。

3)找平：混凝土振捣密实后，按照标高控制线（点）检查平整度，用木刮杠刮平，表面用木抹子搓平。有坡度要求的，按设计要求的坡度找坡。

4)养护：已浇筑完的混凝土垫层，应在浇筑12 h后洒水养护，一般养护不少于7 d。

三、质量标准

1. 主控项目

(1)水泥混凝土垫层采用的粗集料，其最大粒径不应大于垫层厚度的2/3。含泥量不应大于2%；砂为中砂，其含泥量不应大于3%。

检验方法：观察检查和检查材质合格证明文件及检测报告。

(2)混凝土的强度等级应符合设计要求，且不应小于C10。

检验方法：观察检查和检查配合比通知单及检测报告。

2. 一般项目

混凝土垫层表面的允许偏差和检验方法见表15-1。

表 15-1 混凝土垫层表面的允许偏差和检验方法

项目	允许偏差/mm	检验方法
标高	±10	用水准仪检查
表面平整度	10	用2 m靠尺和楔形塞尺检查
坡度	不大于房间相应尺寸的2/1 000，且不大于30	用坡度尺检查
厚度	在个别地方不大于设计厚度的1/10	用钢尺检查

四、成品保护

(1)在新浇筑的垫层混凝土强度未达到1.2 MPa之前，不准上人行走和进行其他工序操作。

(2)当垫层混凝土强度满足要求后，如继续施工时，对垫层加以覆盖保护，不应直接在垫层上拌和砂浆，以免污染垫层，影响面层与垫层的黏结力，造成面层空鼓。

五、应注意的质量问题

(1)严格按照配合比施工，认真计量，确保混凝土强度满足设计要求。

(2)操作时认真找平，严格按照标高控制线点控制标高，做到表面平整，标高准确。

(3)水泥混凝土垫层检验批质量验收记录表。水泥混凝土垫层检验批质量验收记录范例见表15-2。

表 15-2　水泥混凝土垫层检验批质量验收记录表(范例)

(GB 50209—2012)

C03-9-03-030101

单位(子单位)工程名称			实训办公楼1#							
分部(子分部)工程名称			装饰装修分部工程			验收部位			一层	
施工单位			××班级××小组			项目经理			××	
分包单位			/			分包项目经理			/	
施工执行标准名称及编号										

施工质量验收规范的规定				施工单位检查评定记录									监理(建设)单位验收记录	
主控项目	1	材料质量		设计要求				✓							合格
	2	混凝土强度等级		设计要求				C15混凝土留置一组标养试块							
一般项目	1	允许偏差	表面平整度	10 mm	6	4	3	5	2	4	6	7	4	2	合格
	2		标高	±10 mm	6	5	3	−5	4	3	−2	3	6	5	
	3		坡度	≤2/1 000, 且≤30 mm											
	4		厚度	≤1/10 且≤20 mm	0.1	0.05	0.1	0	0	0.1	0	0..1	0.1	0	

施工单位检查评定结果	专业工长(施工员)	××	施工班组长	××
	检查评定合格			
	项目专业质量检查员:××			×年×月×日

监理(建设)单位验收结论	同意验收	
	专业监理工程师:××	
	(建设单位项目专业技术负责人)	×年×月×日

内质检软件登记号:4768109

要点说明

地面垫层介于基层与面层之间,主要起传递荷载、找平的作用。

任务三　工程量计算

(1)混凝土施工用配合比同混凝土垫层。

(2)混凝土垫层体积计算 $V=4.60×2.60×0.05=0.60(\text{m}^3)$。

(3)材料用量:

1)水泥:147.60 kg。

2)砂:474.01 kg。

3)石子:726.59 kg。

任务四　刷素水泥浆

刷素水泥浆(也称纯水泥浆)一遍，水胶比为0.42，以增加块料地面与基层的黏结性能。

任务五　10 mm 厚地砖面层技术交底

一、施工准备

1. 技术准备

(1)熟悉施工图纸及图纸会审记录、设计变更。制定砖面层的施工方案，并经审批。

(2)进场原材料规格、品种、材质等符合设计要求，质量合格证明文件齐全，进场后进行相应验收。

(3)做好基层等隐蔽工程验收记录。

2. 材料准备

(1)水泥：普通硅酸盐水泥，水泥强度等级为42.5。

(2)砂：中砂。

(3)水：采用饮用水。

(4)陶瓷地砖：有出厂合格证，抗压、抗折强度符合设计要求，其规格、品种按设计要求选配，边角整齐，表面平整光滑，无翘曲及窜角现象。

3. 机具准备

小水桶、扫帚、平锹、铁抹子、大杠、小杠、筛子、窗纱筛子、手推车、钢丝刷、喷壶、锤子、錾子、橡皮锤、凿子、方尺、铝合金水平尺、粉线包、溜子、切割机(由外聘人员自备)等。

4. 作业条件

(1)墙面抹灰做完。

(2)内墙+0.5 m水平标高线已弹好，并校核无误。

(3)屋面防水已做完。

(4)地面垫层已做完。

(5)提前做好选砖的工作，预先按面砖的规格尺寸用木条钉方框模子，块块进行套选，长、宽、厚允许偏差不得超过±1 mm，平整度用直尺检查，不得超过±0.5 mm。

(6)将外观有裂缝、掉角和表面上有缺陷的面砖剔出。

二、施工工艺

1. 工艺流程

工艺流程：基础清理→找标高、弹线→抹找平层砂浆→弹铺砖控制线→铺砖→拔缝、擦缝→养护→验收。

2. 操作工艺

(1)基层清理。将混凝土基层上的杂物清理干净,并用錾子剔掉砂浆落地灰,用钢丝刷刷净浮浆层。

(2)找标高、弹线。根据墙上的+0.5 m水平标高线,往下量测出面层标高并弹在墙上。

(3)抹找平层砂浆。

1)刷素水泥浆一道:在清理好的基层上,浇水洇透,撒素水泥面用扫帚扫匀。面积应根据打底铺灰速度决定。随扫浆随铺灰。

2)冲筋:从已弹好的面层水平线下量至找平层上皮的标高(面层标高减去砖的厚度),抹灰饼,从房间一侧开始,每隔1 000 mm左右冲筋一道。冲筋使用干硬性砂浆,厚度不小于20 mm。

3)装档:在标筋间装铺水泥砂浆,用1:4水泥砂浆根据冲筋的标高,用小平锹或木抹子将砂浆摊平、拍实,小杠刮平,使其铺设的砂浆与标筋找平,并用大木杠横竖检查其平整度,同时检查其标高和泛水坡度是否正确,用木抹子搓平,24 h后浇水养护。

(4)弹铺砖控制线。当找平砂浆抗压强度达到1.2 MPa时,开始上弹铺砖控制线。在房间正中,从纵、横两个方向排好尺寸,缝宽以不大于10 mm为宜,当尺寸不足整砖模数时可裁割用于边角地面。上弹纵横控制线(每隔4块砖弹一根控制线),并严格控制好方正。

(5)铺砖。为了找好位置和标高,应从门口开始,纵向先铺2~3行砖,以此为标筋拉纵横水平标高线,铺时应从里向外退着操作,人不得踏在刚铺好的砖面上,每块砖应跟线,操作程序是:

1)铺砌前将砖板块放入半截水桶中浸水湿润,晾干后表面无明水时,方可使用。

2)找平层上洒水湿润,均匀涂刷素水泥浆[水胶比为1:(0.4~0.5)],涂刷面积不要过大,铺多少刷多少。

3)砖的背面朝上,抹黏结砂浆,其配合比不应小于1:2.5,厚度不应小于10 mm,因砂浆强度高,硬结快,应随拌随用,防止砂浆存放时间长,影响砂浆黏结。

4)将抹好砂浆的砖,铺贴到刷好水泥浆的底灰上,砖上棱跟线找正找直。

5)用木板垫在地砖上,用橡皮锤拍实。

(6)拔缝、修整。将已铺好的砖块,拉线修整拔缝,将缝找直,并将缝内多余的砂浆扫出,将砖拍实,如有坏砖应及时进行更换。

(7)擦缝。不留缝隙,要求接缝平直,在铺实平整好的砖面层上洒水泥干面,用水壶喷水。用扫帚将水泥浆扫入缝内将其灌满浆,并随之用拍板拍振,使浆铺满振实,最后用干锯末扫净。

(8)养护。地砖铺完48 h后,放锯末浇水养护,时间不应少于7 d。

三、质量标准

1. 主控项目

(1)各种面层所用的板块品种、质量必须符合设计要求。

(2)面层与下一层的黏结必须牢固,无空鼓。

2. 一般项目

(1)砖面层的表面洁净,色泽一致,接缝平整,深浅一致,周边顺直。板块无裂纹、掉角和缺棱等现象。

(2)面层邻接处的镶边用料尺寸符合设计要求，边角整齐、光滑。

(3)砖面层的允许偏差符合表 15-3 的规定。

表 15-3　砖面层的允许偏差和检验方法　　　　　　　　　　mm

项次	项目	允许偏差			检验方法
		陶瓷马赛克面层 陶瓷地砖面层	缸砖面层	水泥花 砖面层	
1	表面平整度	2.0	4.0	3.0	用 2 m 靠尺和楔形塞尺检查
2	缝格平直	3.0	3.0	3.0	用 5 m 线和用钢尺检查
3	接缝高低差	0.5	1.5	0.5	用钢尺和楔形塞尺检查
4	板块间隙宽度	2.0	2.0	2.0	用钢尺检查
5	踢脚线上口平直	3.0	4.0	—	拉 5 m 线和用钢尺检查

四、成品保护

(1)切割地砖由外聘专业人员负责，不得在刚铺砌好的砖面层上操作。

(2)当铺砌砂浆抗压强度达 1.2 MPa 时，方可上人进行操作。

(3)油漆、涂料施工时不得污染地面。

五、应注意的质量问题

(1)地面标高错误。超出设计标高，其主要原因有以下几项：

1)楼面标高超高。

2)黏结层砂浆过厚。

施工时应对楼面标高认真核对，严格控制每道工序的施工厚度，防止超高。

(2)地面铺砖不平，出现高低差。砖的厚度不一致，没严格挑选砖或砖不平或粘层过厚，上人太早。为解决此问题，首先是选砖，不合规格、不标准的砖不用。铺砖时要拍实，铺好地面后封闭门口，常温 48 h 用锯末养护。

(3)板块空鼓。基层清理不净、洒水湿润不透、砖未浸水、早期脱水所致，上人过早，黏结砂浆未达到强度受外力振动，影响黏结强度，形成空鼓。解决办法：认真清理，严格检查，注意上人时间，加强养护。

(4)板块表面不洁净。主要是做完面层之后，成品保护不够，在地砖上拌和砂浆、刷浆时不覆盖等原因，都造成面层被污染。

(5)黑边。不足整块砖时，不切割半块砖铺贴，用砂浆补边，影响观感。解决办法是按规矩切割边条补贴。

(6)缝隙不直不均。操作前挑选地砖，长宽相同，整张地砖用于同一房间。拨缝时分格缝拉通线，将超线的砖拨顺直。

🏠 **要点说明**

　　空鼓是地面面层最常见的质量通病，保证不产生空鼓是地面面层施工的关键。

任务六　楼（地）面施工安全技术交底

（1）进入作业现场必须按规定正确佩戴安全防护用品。

（2）切割机械必须由学校电工接装电源、闸箱、漏电开关。检查线路、接头、零线及绝缘情况，电源线不得有接头，并经试转确认安全后方可作业。作业完毕后由学校电工拆动。

（3）搬运块料要小心谨慎，向铺砖人员铲送砂浆时使用平口铁锹，并轻送轻撒。

（4）切割时由外聘专人负责，实习实训指导教师及学生参观学习。

（5）服从实习实训指导教师及小组安全员指挥。

任务七　一层地面陶瓷地砖排列示意图

一层地面陶瓷地砖排列示意如图 15-2 所示。

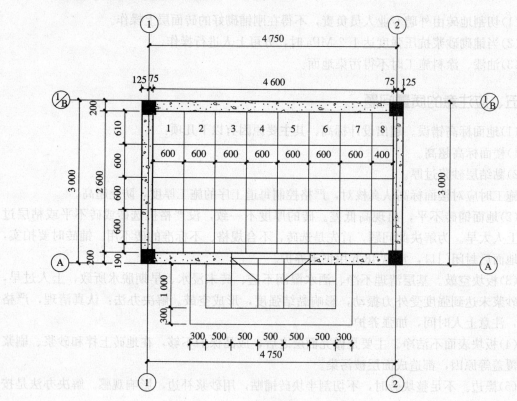

图 15-2　一层地面陶瓷地砖排列示意

一层地板砖布设及大理石台阶排列材料用量：

（1）600 mm×600 mm 地板砖：34 块。

（2）水泥：95.31 kg。

（3）砂：0.28 m³。

任务八　砖面层检验批质量验收记录表

砖面层检验批质量验收记录范例见表15-4。

表 15-4　砖面层检验批质量验收记录表（范例）

（GB 50209—2010）

C03-9-03-030602-001

单位（子单位）工程名称			实训办公楼1#		
分部（子分部）工程名称		装饰装修分部工程	验收部位		一层
施工单位		××班级××小组	项目经理		××
分包单位		/	分包项目经理		/
施工执行标准名称及编号					

		施工质量验收规范的规定		施工单位检查评定记录	监理（建设）单位验收记录
主控项目	1	块材质量	设计要求	✓	合格
	2	面层与下一层结合	第6.2.7条	✓	
一般项目	1	面层表面质量	第6.2.8条	✓	合格
	2	邻接处镶边用料	第6.2.9条	/	
	3	踢脚线质量	第6.2.10条	/	
	4	楼梯踏步高度差	第6.2.11条	/	
	5	面层表面坡度	第6.2.12条	✓	
	6	允许偏差	表面平整度 缸砖	4.0 m	
			水泥花砖	3.0 mm	
			陶瓷马赛克、陶瓷地砖	2.0 mm	1.5 1.2 1.6 1.3 1.0 0.9
	7		缝格平直	3.0 mm	
	8		接缝高低差 陶瓷马赛克、陶瓷地砖、水泥花砖	0.5 mm	0.2 0.4 0.2 0.3 0.2 0.1
			缸砖	1.5 mm	
	9		踢脚线上口平直 陶瓷马赛克、陶瓷地砖	3.0 mm	1.6 0.8 1.6 1.5 1.6 1.4
			缸砖	4.0 mm	
	10		板块间隙宽度	2.0 mm	1.4 07 0.5 1.3 1.5 0.9

施工单位检查评定结果	专业工长（施工员）	××	施工班（组长）	××
	检查评定合格			
	项目专业质量检查员：××			×年×月×日

监理（建设）单位验收结论	**同意验收**	
	专业监理工程师：×× （建设单位项目专业技术负责人）	×年×月×日

内质检软件登记号：47681032

任务九　大理石楼梯面层技术交底

一、施工准备

1. 技术准备

（1）熟悉图纸及图纸会审记录、设计变更，编制楼梯地面施工方案。了解部位尺寸和做法，画出大理石地面的施工排石图并经审批。

（2）各种进场原材料规格、品种、材质等必须符合设计要求，质量合格证明文件齐全，进场后进行相应的验收。需复试的原材料进场后必须进行相应的复试验测，合格后方可以使用，并有相应的施工配合比通知单。

2. 材料准备

（1）天然大理石块的品种、规格、质量、颜色符合设计要求，颜色符合施工验收规范要求。

（2）天然大理石的技术等级、光泽度、外观等质量要求符合现行国家标准中关于天然大理石建筑板材的规定。

（3）板材不得有裂缝、掉角、翘曲和表面缺陷。

（4）水泥：普通硅酸盐水泥，强度等级为 42.5。

（5）砂：中砂，符合普通混凝土用砂质量标准及检验方法的规定。

（6）矿物颜料、蜡、石材清洁剂。

3. 机具准备

手推车、铁锹、靠尺、浆壶、喷壶、铁抹子、木抹子、墨斗、钢卷尺、尼龙线、橡皮锤、水平尺、弯角方尺、扁凿子、扫帚、钢丝刷等。

4. 作业条件

（1）板材进场后侧立堆放在室内，底下加垫木方。详细核对品种、规格、数量、质量等是否符合设计要求。有裂纹、缺棱掉角的不能使用。

（2）施工操作前，画出铺设石材地面的施工大样图。

二、施工工艺

1. 工艺流程

工艺流程：准备工作→弹线→试拼→编号→刷素水泥浆结合层→铺砂浆→铺大理石块材→灌缝、擦缝→打蜡→验收。

2. 操作工艺

（1）准备工作。

1）熟悉图纸：以施工大样图和加工单为依据，熟悉了解各部位尺寸和做法，弄清楚洞口、边角等部位之间的关系。

2）基层处理：将杂物清理干净。

(2)弹线：根据建筑图示标高尺寸，在结构基层上弹水平线，找出楼梯第一级踏步(休息平台)的踢面位置，弹出两点连线，按踏步步数均分，从各个分点做垂线，即为楼梯装饰面层线，休息平台处，上下楼梯第一级踏步、踏面应处在同一直线位置。

(3)试拼、编号：在正式铺设前，对每一步的大理石板块进行试拼，试拼后按两个方向编号排列，然后按编号码放整齐。

注：把大理石板块排好，以便检查板块之间的缝隙。

(4)刷素水泥浆结合层：在铺砂浆之前再次将结构层清扫干净，然后用喷壶洒水湿润，刷素水泥浆一道(水胶比为 0.5 左右)，随刷随铺砂浆。

(5)铺砂浆：根据水平线，定出地面找平层厚度，接十字控制线，铺找平层水泥砂浆。铺好后用刮杠刮平，再用抹子拍实找平。找平层厚度宜高出大理石面层标高水平线 3～4 mm。

(6)铺大理石板块：按控制线进行铺贴。铺前将板块预先浸湿阴干后备用，先进行试铺，对好纵横缝，检查砂浆上表面与板块之间是否吻合，如发现有空虚之处，应用砂浆填补，然后正式铺贴，先在水泥砂浆找平层上满浇一层水胶比为 0.5 的素水泥浆结合层，再铺大理石板，安放时四角同时往下落，用橡皮锤轻击木垫板，根据水平线用水平尺找平，大理石板块之间，接缝严密，一般不留缝隙。

(7)擦缝：在铺贴后 1～2 昼夜进行灌浆擦缝。根据大理石颜色，选择相同颜色矿物颜料和水泥拌和均匀调成 1∶1 稀水泥浆，用浆壶徐徐灌入大理石板块之间的缝隙(分几次进行)，并用刮板把流出的水泥浆向缝隙内喂灰。灌浆 1～2 h 后，用棉丝团蘸原稀水泥浆擦缝，与板面擦平，同时将板面上的水泥浆擦净，然后面层加以覆盖保护，养护时间不少于 7 d。

(8)打蜡：达到光滑洁净。

三、质量标准

1. 主控项目

(1)石材面层所用板块的品种、规格、质量必须符合设计要求。

(2)面层与下一层黏结牢固，无空鼓。

2. 一般项目

(1)石材面层的表面洁净、平整、无磨痕，色泽一致、接缝均匀、周边顺直、镶嵌正确，板块无裂纹、掉角、缺棱等缺陷。

(2)楼梯踏步板块的缝隙宽度一致、齿角整齐，楼层梯段相邻踏步高度差不大于 10 mm。

(3)面层表面的坡度符合设计要求，不倒泛水，无积水。

(4)石材面层的允许偏差符合表 15-5 的规定。

表 15-5　石材面层的允许偏差和检验方法

项次	项目	允许偏差/mm	检验方法
1	表面平整度	1.0	用 2 m 靠尺和楔形塞尺检查

项次	项目	允许偏差/mm	检验方法
2	缝格平直	2.0	拉 5 m 线和用钢尺检查
3	按缝高低差	0.5	用钢尺和楔形塞尺检查
4	板块间隙宽度	1.0	用钢尺检查
5	踢脚线上口平直	1.0	拉 5 m 线和用钢尺检查

四、成品保护

(1)存放石材板块,不得雨淋、水泡、长期日晒。应将板块立放,光面相对。板块的背面支垫松木条,板块下垫木方,木方与板块之间衬垫软胶皮。

(2)运输石材板块、水泥砂浆时,采取措施防止碰撞已做完混凝土面。

(3)试拼时,调整板块的人员宜穿软底鞋搬动、调整板块。

(4)铺砌石材板块过程中,操作人员做到随铺砌随擦净,擦净石材表面用软毛刷和干布。

(5)新铺砌的石材板块临时封闭。当操作人员和检查人员踩踏新铺石材板块时要穿软底鞋,并轻踏在一块板块中。

(6)在楼梯踏步上行走时,找平层砂浆的抗压强度不得低于 1.2 MPa。

(7)石材面完工后,将楼梯封闭,粘贴层达到强度后,在其表面加覆盖保护。

五、应注意的质量问题

(1)板面与基层空鼓。基层清理不干净或浇水湿润不够,刷水泥素浆不均匀或刷完时间过长已风干,找平层用的素水泥砂浆结合层变成隔离层,石材未浸水湿润等因素都易引起空鼓。因此,必须严格遵守施工工艺要求,基层必须清理干净,找平层用干硬性砂浆,随铺刷一层素水泥浆,石材板块在铺砌前必须浸水湿润。

(2)尽端出现大小头。其是由铺砌时操作者未拉通线或不同操作者在同一行铺砌时掌握板块之间的缝隙大小不一造成。因此,在铺砌前必须拉通线,操作者要跟线铺砌,每铺完一行后立即再拉通线检查缝隙是否顺直,避免出现大小头现象。

(3)接缝高低不平、缝隙宽窄不匀。其主要形成原因是:板块本身有厚薄、宽窄、窜角、翘曲等缺陷;预先未严格挑选;铺砌时未严格拉线等因素均易产生接缝高低不平、缝隙不匀等缺陷。所以,预先必须严格挑选板块,将翘曲、拱背、宽窄不方正等块材剔出不予使用;缝隙必须拉通线,不能有偏差。

要点说明

由于楼梯结构比较特殊,所以正式铺设前进行试拼是施工质量的重要保证。

任务十　大理石楼梯地面排列图

大理石楼梯地面排列图如图 15-3 所示。

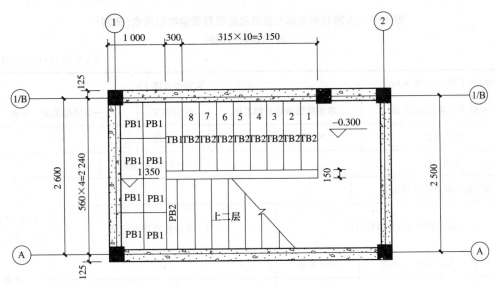

图 15-3　大理石楼梯地面排列图

任务十一　楼梯踏步及平台板大理石排布图材料表

楼梯踏步及平台板大理石排布图材料表见表 15-6。

表 15-6　楼梯踏步及平台板大理石排布图材料表

序号	编号	名称	规格尺寸	数量
1	TB1	踏步平板	1 230 mm×300 mm×25 mm	1
2	TB2	踏步平板	1 130 mm×335 mm×25 mm	8
3	TLB1	踏步立板	1 230 mm×123 mm×20 mm	1
4	TLB2	踏步立板	1 130 mm×123 mm×20 mm	9
5	PB1	平台板	570 mm×500 mm×20 mm	8
6	PB2	平台板	1 060 mm×200 mm×20 mm	1
7		水泥	32.5	182.74 kg
8		砂	中砂	0.37 m³

任务十二　大理石检验批量验收记录表

大理石和花岗石面层检验批质量验收记录范例见表15-7。

表15-7　大理石和花岗石面层检验批质量验收记录表(范例)

(GB 50209—2010)

C03-9-03-030108-001

单位(子单位)工程名称			实训办公楼1#										
分部(子分部)工程名称			建筑装饰装修分部工程		验收部位		一层楼梯踏步、平台						
施工单位			××班级××小组		项目经理		××						
分包单位					分包项目经理								
施工执行标准名称及编号													

施工质量验收规范的规定				施工单位检查评定记录										监理(建设)单位验收记录
主控项目	1	板块品种、质量	设计要求	√										合格
	2	面层与下一层结合	第6.2.7条	√										
一般项目	1	砖面层表层质量	第6.2.8条	√										合格
	2	踢脚线表面质量	第6.2.10条	√										
	3	楼梯、台阶踏步质量	第6.2.11条	√										
	4	面层表面坡度等	第6.2.12条	/										
	5	允许偏差	表面平整度	1.0 mm	0.5	0.3	0.2	0.1	0.2	0.3	0.4	0.6	0.7	0.4
	6		缝格平直	2.0 mm	1	1.2	1.4	1.3	1.2	1.1	1.8	1.6	1.5	1.4
	7		接缝高低差	0.5 mm	0.2	0.3	0.4	0.1	0.3	0.2	0.3	0.1	0.1	0.1
	8		踢脚线上口平直	1.0 mm										
	9		板块间隙宽度	1.0 mm	0.2	0.3	0.1	0.4	0.6	0.8	0.9	0.1	0.4	0.5

施工单位检查评定结果	专业工长(施工员)	××	施工班组长	××
	检查评定合格 项目专业质量检查员：××			×年×月×日

监理(建设)单位验收结论	同意验收 专业监理工程师：×× (建设单位项目专业技术负责人)	×年×月×日

内质检软件登记号：47681093

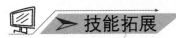 **技能巩固**

根据一层地面陶瓷地砖排列示意图，计算出大理石台阶的材料用量。

参考答案

技能拓展

如需夜间加班施工，对夜间照明有何要求？

模块十六　一般抹灰工程

1. 一般抹灰(水泥砂浆)技术交底及安全技术交底。
2. 内墙面抹水泥砂浆材料用量计算。
3. 一般抹灰(水泥砂浆)验收。

技能目标

1. 一般抹灰(水泥砂浆)施工。
2. 根据规范内容对一般抹灰(水泥砂浆)进行检测。

任务一　一般抹灰(水泥砂浆)技术交底

一、施工准备

1. 技术准备

(1)熟悉图纸及图纸会审记录、设计变更。编制施工方案,并经审批。

(2)掌握抹灰砂浆的种类并做好材料的试配工作。

(3)了解施工近期天气情况,做好雨期施工防护准备。

2. 材料准备

(1)水泥:普通硅酸盐水泥,强度等级为42.5。

(2)细集料:中砂。

(3)水:采用饮用水。

3. 机具准备

混凝土搅拌机、木抹子、铁抹子、钢皮抹子、阴阳角抹子、压子、托灰板、筛子、小推车、灰槽、铁铲、八字靠尺、5~7 mm厚方口靠尺、木杠、长毛刷、排笔、钢丝刷、扫帚、胶皮水管、水桶、粉线袋、錾子(尖、肩头)、锤子、钳子、拖线板等。

4. 作业条件

(1)主体结构已经过有关部门(质监、监理、设计、建设单位等)验收,方可进行抹灰工程。

(2)柱表面凸出部分混凝土已剔平。墙与梁底交接处用混凝土灌实。

(3)根据室内高度和抹灰现场的具体情况,准备好临时脚手架。临时脚手架离开墙面及墙角200~250 mm。

二、施工工艺

1. 工艺流程

工艺流程：基层清理→湿润基层→找规矩、做灰饼、冲筋→设置标筋→做护角→抹底灰层、中灰层→抹面层灰→清理→成品保护→验收。

2. 操作工艺

(1)一般抹灰的技术要求。

1)一般抹灰的分等级做法。

①普通抹灰：阳角找方，设置标筋，分层赶平、修整，表面压光。

②高级抹灰：阴阳角找方，设置标筋，分层赶平、修整，表面压光。

2)抹灰层总厚度见表16-1。

表 16-1　抹灰层总厚度

项次	部位或基体		抹灰层的平均厚度/mm
1	顶棚	板条、现浇混凝土	15
		预制混凝土	18
		金属网	20
2	内墙	普通抹灰	20
		高级抹灰	25
3	外墙	墙面	20
		勒脚及凸出墙面的部分	25
4	石墙		35

3)抹灰层每遍厚度见表16-2。

表 16-2　抹灰层每遍厚度

项次	采用砂浆品种	每遍厚度/mm
1	水泥砂浆	5～7
2	石灰砂浆和水泥混合砂浆	7～9
3	麻刀石灰浆	不大于3
4	纸筋石灰和石膏灰	不大于2

4)手工抹灰一般砂浆稠度及集料最大粒径见表16-3。

表 16-3　手工抹灰一般砂浆稠度及集料最大粒径

抹灰层	砂浆稠度/cm	砂最大粒径/mm
底层	10～12	2.8
中层	7～9	2.6
面层	7～8	1.2

(2)内墙面抹灰。

1)基层清理、湿润。

①检查混凝土结构和砌体结合处，钉好加强网。

②清扫墙面上浮灰污物和油渍等，并洒水湿润。

③混凝土表面洒水湿润后涂刷1∶1水泥砂浆(加适量胶粘剂)。

④基层墙面应充分湿润，打底前每天浇水两遍，使渗水深度达到8～10 mm，同时保证抹灰时墙面不显浮水。

2)找规矩、做灰饼、冲筋。四角规方、横线找平、立线吊直，弹出准线、踢脚板线。

3)普通抹灰。

①用托线板检查墙面平整垂直程度，决定抹灰厚度(最薄处一般不小于7 mm)。

②在墙的上角各做一个标准灰饼(用打底砂浆)，大小50 mm见方，其厚度由墙面平整垂直度决定。

③根据上面的两个灰饼用托线板挂垂线，做墙面下角两个标准灰饼(高低位置一般在踢脚线上口)，其厚度以垂线为准。

④用钉子钉在左右灰饼附近墙缝里挂通线，并根据通线位置每隔1 200～1 500 mm上下加做若干个标准灰饼。

⑤待灰饼稍干后，在上下(或左右)灰饼之间抹上宽约50 mm的与抹灰层相同的砂浆冲筋，用木杠刮平，厚度与灰饼相平，稍干后可进行底层抹灰。

(3)做护角。室内墙面、柱面的阳角，如设计对护角无规定时，可以用1∶2水泥砂浆抹护角，护角高度不应低于2 000 mm，每侧宽度不小于50 mm。

1)将阳角用方尺规方，在地面划好准线，根据抹灰层厚度粘稳靠尺板并用托线板吊垂直。

2)在靠尺板的另一边墙角分层抹护角的水泥砂浆，其外角应与靠尺板外口平齐。

3)一侧抹好后把靠尺板移到该侧，用卡子稳住，并吊垂线调直靠尺板，将护角另一面水泥砂浆分层抹好。

4)轻手取下靠尺板。待护角的棱角稍收水后，再用捋角器和水泥浆捋出小圆角。

5)在阳角两侧分别留出护角宽度尺寸，将多余的砂浆以45°斜面切掉。

(4)抹灰底层。标筋有一定强度后，在两标筋之间用力抹上底灰，用木抹子压实搓毛。

砖墙基层，墙面一般采用水泥砂浆抹底灰，在冲筋2 h左右则可进行。抹灰时先薄薄地刮一层，接着分层装档、找平，再用大杠垂直、水平刮找一遍，用木抹子搓毛。

(5)抹中灰层。

1)抹中灰层在底层灰干至6～7成后进行，抹灰厚度以垫平标筋为准，并使其稍高于标筋。

2)抹中层灰做法基本与抹底层灰相同。

三、质量标准

1. 主控项目

(1)抹灰将前基层表面的尘土、污垢、油渍等清除干净，并洒水湿润。

检验方法：检查施工记录。

(2)一般抹灰所用材料的品种和性能应符合设计要求。水泥的凝结时间和安定性复验合格，砂浆的配合比符合设计要求。

检验方法：检查产品合格证书，进场验收记录、复验报告和施工记录。

（3）抹灰工程分层进行。当抹灰厚度大于或等于 35 mm 时，采取加强措施。不同材料基体交接处表面的抹灰，采取防止开裂的加强措施，当采用加强网时，加强网与各基体的搭接宽度不应小于 100 mm。

检验方法：检查隐蔽工程验收记录和施工记录。

（4）抹灰层与基层之间及各抹灰层之间必须黏结牢固，抹灰层无脱层、空鼓，面层无爆灰和裂缝。

检验方法：观察。用小锤轻击检查。检查施工记录。

2. 一般项目

（1）一般抹灰工程的表面质量。普通抹灰表面光滑、洁净、接槎平整，分格缝清晰。

检验方法：观察。手摸检查。

（2）护角、孔洞、槽、盒周围的抹灰表面整齐、光滑。管道后面的抹灰表面平整。

检验方法：观察。

（3）抹灰层的总厚度符合设计要求。

检验方法：检查施工记录。

（4）抹灰分格缝设置符合设计要求，宽度和深度均匀，表面光滑，棱角整齐。

检验方法：观察。尺量检查。

（5）一般抹灰工程质量的允许偏差和检验方法应符合表 16-4 的规定。

表 16-4　一般抹灰工程质量的允许偏差和检验方法

项次	项目	允许偏差/mm		检验方法
		普通抹灰	高级抹灰	
1	立面垂直度	4	3	用 2 m 垂直检测尺检查
2	表面平整度	4	3	用 2 m 靠尺和塞尺检查
3	阴阳角方正	4	3	用直角检测尺检查
4	分格条(缝)直线度	4	3	用 5 m 线，不足 5 m 拉通线，用钢直尺检查
5	墙裙、勒角上口直线度	4	3	拉 5 m 线，不足 5 m 拉通线，用钢直尺检查
注：普通抹灰，本表第 3 项阴阳角方正可不检查。				

四、成品保护

（1）抹灰完成后对墙面加以清洁保护。

（2）在施工过程中，搬运材料、机具时，要特别小心，防止碰、撞、磕划墙面。

（3）拆除脚手架、跳板、马凳时要加倍小心，轻拿轻放，集中堆放整齐，以免撞坏墙面或棱角等。

（4）当抹灰层未充分凝结硬化前，防止快干、水冲、撞击、振动和挤压等，以保证灰层不受损伤和有足够的强度。

（5）施工时不得在楼地面上和休息平台上拌和灰浆，对休息平台、地面和楼梯踏步要采取保护措施，以免搬运材料或运输过程中造成损坏。

五、应注意的质量问题

(1)抹灰前对基层必须处理干净，光滑表面做毛化处理，浇水湿润。抹灰时分层进行，每层抹灰不应过厚，并严格控制间隔时间，抹灰完成后应及时浇水养护，以防止空鼓、开裂。

(2)抹灰时应避免将接槎放在大面中间处，一般留在分格缝或不明显处，防止产生接槎不平。

要点说明

抹灰一般分三层，即底层、中层和面层。抹灰工程施工一般分层进行，以利于抹灰牢固，抹面平整和保证质量。

(1)底层：主要起与基层黏结的作用。

(2)中层：主要起找平的作用。

(3)面层：主要起装饰的作用。

任务二　抹灰安全技术交底

抹灰安全技术交底同外墙保温。

任务三　工程量计算

(1)内墙面抹水泥砂浆面积计算 $S=(3.00+0.05\times2)\times(0.30+2.00+0.05)=7.29(\text{m}^2)$。

(2)材料用量：

1)水泥：62.56 kg。

2)砂：0.14 m³。

任务四　一般抹灰工程检验批质量验收记录表

一般抹灰工程检验批质量验收记录范例见表16-5。

表 16-5　一般抹灰工程检验批质量验收记录表(范例)

(GB 50210—2001)

C03-9-03-030201-001

单位(子单位)工程名称	实训办公楼1#		
分部(子分部)工程名称	建筑装饰装修分部工程	验收部位	一层
施工单位	××班级××小组	项目经理	××
分包单位	/	分包项目经理	/

单位(子单位)工程名称				实训办公楼1#		
施工执行标准名称及编号						
施工质量验收规范的规定				施工单位检查评定记录	监理(建设)单位验收记录	
主控项目	1	基层表面	第4.2.2条	✓	合格	
	2	材料品种和性能	第4.2.3条	✓		
	3	操作要求	第4.2.4条	✓		
	4	层黏结及抹灰层、面层质量	第4.2.5条	✓		
一般项目	1	表面质量	第4.2.6条	✓	合格	
	2	细部质量	第4.2.7条	✓		
	3	层与层之间的材料要求和抹灰层总厚度	第4.2.8条	/		
	4	抹灰分格缝	第4.2.9条	/		
	5	滴水线(槽)	第4.2.10条	✓		
	6	允许偏差	第4.2.11条	✓		
施工单位检查评定结果		专业工长(施工员)		××	施工班组长	××
		检查评定合格 项目专业质量检查员：××				×年×月×日
监理(建设)单位验收结论		同意验收 专业监理工程师：×× (建设单位项目专业技术负责人)				×年×月×日

 技能巩固

抹灰的作用是什么？

参考答案

技能拓展

抹灰层的平均厚度是怎样规定的？

模块十七　建(构)筑物沉降观测

　　建筑物施工过程中应用沉降观测加强过程监控,指导合理的施工工序,预防在施工过程中出现不均匀沉降,及时反馈信息为勘察设计部门提供详尽的一手资料,避免因沉降原因造成建筑物主体结构的破坏或产生影响结构使用功能的裂缝,造成经济损失。

任务一　建(构)筑物沉降观测具体做法

　　(1)仪器:水准尺使用受环境及温度变化影响小的高精度铝合金水准尺。在不具备铝合金水准尺的情况下,使用一般塔尺时尽量使用第一段标尺。水准仪的精度不低于 DS3 级别。

　　(2)观测时间:相邻的两次时间间隔称为一个观测周期,都必须按施测方案中规定的观测周期准时进行。

　　(3)观测点的设置:沉降观测点要埋设在最能反映建(构)筑物沉降特征且便于观测的位置。相邻点之间的间距以 15～30 m 为宜,均匀地分布在建(构)筑物周围(埋设的沉降观测点要符合各施工阶段的观测要求,特别要考虑到装饰装修阶段因墙或柱饰面施工而破坏或掩盖住观测点)。

　　(4)沉降观测的"五定":即通常所说的沉降观测依据的基准点、工作基点和被观测物上的沉降观测点,点位要稳定,所用仪器、设备要稳定,观测人员要稳定,观测时的环境条件基本上要一致,观测线路、镜位、程序和方法要固定。

　　(5)在观测过程中,做到步步有校核。

　　1)前后视距≤30 m,前后视距差≤1.0 m。

　　2)沉降观测点相对于后视点的高差容差应≤1.0 mm。

　　(6)建立固定的观测路线:在控制点与沉降观测点之间建立固定的观测路线,并在架设仪器站点与转点处做好标记桩,保证各次观测均沿同一路线。

(7)埋入墙体的观测点：材料应采用直径不小于 12 mm 的圆钢，一般埋入深度不应小于 120 mm，钢筋外端要有 90°弯钩弯上，并稍离墙体，以便于置尺测量。

(8)框架结构的建(构)筑物每二层观测一次，竣工后再观测一次。

(9)水准点是各观测点沉降的基准点，一定要选定相对固定的、稳定的其他建(构)筑物的适当部位，一般不少于 2 个。

(10)每次观测均需采用环形闭合方法，当场进行检查。同一观测点的两次观测之差不得大于 1 mm。

(11)完成沉降观测工作，要先绘制好沉降观测示意图，并对每次沉降观测认真做好记录。

1)沉降观测示意图应画出建(构)筑物的底层平面示意图，注明观测点的位置和编号，注明水准基点的位置、编号和标高及水准点与建(构)筑物的距离。并在图上注明观测点所用材料、埋入墙体深度、离开墙体的距离。

2)沉降观测的记录采用原建设部制定的统一表格。观测的数据必须经过严格核对无误，方可记录，不得任意更改。当各观测点第一次观测时，标高相同时要如实填写，其沉降量为零。以后每次的沉降量为本次标高与前次标高之差，累计沉降量为各观测点本次标高与第一次标高之差。

(12)沉降观测点的设置：如建(构)筑物四角，变形缝两侧，荷载有变化的部位。

(13)如中途停工时间较长，应在停工和复工时进行观测。建筑物封顶或竣工后，一般每月观测一次，如果沉降速度减缓，可改为 2～3 个月观测一次，直至沉降稳定为止。

(14)观测方法：观测时先后视水准基点，接着依次前视各沉降观测点，最后再次后视该水准基点，两次后视读数之差不超过±1 mm。另外，沉降观测的水准路线(从一个水准基点到另一个水准基点)为闭合水准路线。

(15)精度要求：沉降观测的精度根据建(构)筑物的性质而定。

1)多层建筑物的沉降观测，可采用 DS3 水准仪，用普通水准测量的方法进行，其水准路线的闭合差不超过±2.0n 的开方 mm(n 为测站数)。

2)高层建(构)筑物的沉降观测，则应采用 DS1 精密水准仪，用二等水准测量的方法进行，其水准路线的闭合差不超过±1.0n 的开方(n 为测站数)。

(16)沉降观测的成果整理。

1)整理原始记录，每次观测结束后，检查记录的数据和计算是否正确，精度是否合格，然后，调整高差闭合差，推算出各沉降观测点的高程，并填入"沉降观测表"中。

2)计算沉降量，计算内容和方法如下：

①计算各沉降观测点的本次沉降量：

沉降观测点的本次沉降量＝本次观测所得的高程－上次观测所得的高程

②计算累积沉降量：

累计沉降量＝本次沉降量＋上次累积沉降量

将计算出的沉降观测点本次沉降量、累积沉降量和观测日期、荷载情况等记入"沉降观测表"中。

(17)绘制沉降曲线：沉降曲线分为两部分，即时间与沉降量关系曲线和时间与荷载关系曲线。

1)绘制时间与沉降量关系曲线，首先，以沉降量为纵轴，以时间为横轴，组成直角坐标系。然后以每次累积沉降量为纵坐标，以每次观测日期为横坐标，标出沉降观测点的位置。最后，用曲线将标出的各点连接起来，并在曲线的一端注明沉降观测点号码。

2)绘制时间与荷载关系曲线，首先以荷载为纵轴，以时间为横轴，组成直角坐标系。再根据每次观测时间和相应的荷载标出各点，将各点连接起来。

要点说明

建(构)筑物沉降观测应测定建(构)筑物及地基的沉降量、沉降差及沉降速度，并根据需要计算基础倾斜、局部倾斜、相对弯曲及构件倾斜。

任务二　建(构)筑物沉降观测平面布置图

建(构)筑物沉降观测点、基准点、专用水准点平面位置布置图如图 17-1 所示。

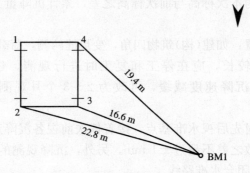

图 17-1　建(构)筑物沉降观测点、基准点、专用水准点平面位置布置图

任务三　建(构)筑物沉降观测记录

建(构)筑物沉降观测记录范例见表 17-1 和表 17-2。

表 17-1　建(构)筑物沉降观测记录(1)(范例)

C02-5-03-002

工程名称		实训办公楼 1#		基础中心最终沉降量计算值			**15 mm**		
				偏心距			/		
仪表规格		自动安平水准仪		结构形式			**框架结构**		
水准点号及高程		永久水准点 BM1　高程 569.250		结构层数			二层		

测点	×年×月×日			×年×月×日			×年×月×日			×年×月×日		
	初次高程/m	高程/m	本次下沉/mm	高程/m	本次下沉/mm	累计下沉/mm	高程/m	本次下沉/mm	累计下沉/mm	高程/m	本次下沉/mm	累计下沉/mm
1	569.251	569.250	1	569.248	2	3	569.247	1	4	569.245	2	6

工程名称	实训办公楼1#					基础中心最终沉降量计算值			15 mm		
						偏心距			/		
2	569.250	569.249	1	569.248	2	3	569.247	1	4	569.246	1	5
3	569.251	569.249	2	569.248	2	4	569.247	2	5	569.246	1	6
4	569.249	569.248	1	569.247	2	3	569.246	1	4	569.245	1	5
5											
6											
7											
8											
施工进度	基础完成		一层结构完成			二层结构完成			装饰装修完成		
施工单位测量人员签字	××		××			××			××		
监理单位检查人员签字	××		××			××			××		

内质检软件登记号：47681093

表 17-2　建(构)筑物沉降观测记录(2)

C02-5-03-002

工程名称	实训办公楼1#		基础中心最终沉降量计算值		15 mm		
			偏心距		/		
仪表规格	自动安平水准仪		结构形式		框架结构		
水准点号及高程	永久水准点 BM1　高程 569.250		结构层数		二层		

测点	初次高程/m	×年×月×日			×年×月×日			×年×月×日			×年×月×日		
		高程/m	本次下沉/mm	累计下沉/mm	高程/m	本次下沉/mm	累计下沉/mm	高程/m	本次下沉/mm	累计下沉/mm	高程/m	本次下沉/mm	累计下沉/mm
1		569.244	1	7									
2		569.245	1	6									
3		569.245	1	7									
4		569.244	1	6									
5													
6													
7													
8													

工程名称	实训办公楼 1#	基础中心最终沉降量计算值	15 mm
		偏心距	/
施工进度		工程竣工	
施工单位测量人员签字		××	
监理单位检查人员签字		××	

内质检软件登记号：47681093

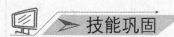

技能巩固

建(构)筑物沉降观测的等级、精度指标是怎样的?

参考答案

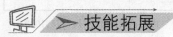

技能拓展

绘制墙体沉降观测点标志。

模块十八 建筑材料二次检验制度

技能要点
1. 材料送检规定。
2. 质检部门试验报告。

技能目标
1. 混凝土试件的制作。
2. 送检的程序。

建筑材料是建筑工程的重要组成部分，是建筑工程的物质基础，建筑材料的性能、质量、价格，直接关系到建筑产品的适用性、安全性、经济性和美观性。所以，对建筑材料采购必须进行有效控制，保证采购材料的质量。依据现行国家标准和规范的规定对检测的原材料、成品、半成品按要求送交指定的第三方进行检验和试验，未经检验或检验不合格的不得投入使用。见证取样、送样是保证检验工作公正性、科学性、权威性的重要环节，在各级检验工作中占有重要位置。

任务一 材料送检规定（以自拌混凝土试件为例）

1. 混凝土试件的取样

(1)根据《混凝土结构工程施工质量验收规范》(GB 50204—2015)和《混凝土强度检验评定标准》(GB/T 50107—2010)的规定，用于检查结构构件混凝土强度的试件，应在混凝土的浇筑地点随机抽取。

1)每拌制 100 盘但不超过 100 m³ 的同配合比的混凝土，取样次数不得少于一次。

2)每工作班拌制的同一配合比的混凝土不足 100 盘时，其取样次数不得少于一次。

3)当一次连续浇筑超过 1 000 m³ 时，同一配合比的混凝土每 200 m³ 取样不得少于一次。

4)同一楼层、同一配合比的混凝土，取样不得少于一次。

5)每次取样应至少留置一组标准养护试件。

(2)根据《混凝土结构工程施工质量验收规范》(GB 50204—2015)的规定，结构实体检验用同条件养护试件的留置方式和取样数量应符合以下规定：

1)对涉及混凝土结构安全的有代表性的部位应进行结构实体检验，其内容包括混凝土强度、钢筋保护层厚度、结构位置与尺寸偏差及工程合同约定的项目等；必要时可检验其他项目。

2)同条件养护试件应由各方在混凝土浇筑入模处见证取样。

3)同一强度等级的同条件养护试件的留置不宜少于10组，留置数量不应少于3组。

4)每组同条件养护试件的强度值应根据强度试验结果按《普通混凝土力学性能试验方法标准》(GB/T 50081—2002)的规定确定，混凝土强度检验时的等效养护龄期可取日平均强度逐日累计达到600 ℃·d时所对应的龄期，且不应小于14 d。日平均温度为0 ℃及以下的龄期不计入。

2. 试件的制作

(1)混凝土试件的制作应符合下列规定：

1)成型前，应检查试模尺寸并符合《普通混凝土力学性能试验方法标准》(GB/T 50081—2002)的规定，试模内表面应涂一层矿物油或其他不与混凝土发生反应的脱模剂。

2)在试验室拌制混凝土时，其材料用量应以质量计，称量的精度：水泥、掺合料、水和外加剂为±0.5%，集料为±1%。

3)取样或试验室拌制的混凝土应在拌制后最短的时间内成型，一般不宜超过15 min。

4)根据混凝土拌合物的稠度确定混凝土成型方法，坍落度不大于70 mm的混凝土宜用振动振实，大于70 mm的宜用捣棒人工振实。

(2)混凝土试件制作应按照以下步骤进行：

1)取样或拌制好的混凝土拌合物应至少用铁锹再来回拌和三次。

2)按上述"(1)4)"的规定，选择成型方法。

3)用插入式振动棒振实制作试件应按下述方法进行：

①将混凝土拌合物一次装入试模，装料时应用抹刀沿各试模壁插捣，并使混凝土拌合物高出试模口。

②宜用直径 ϕ25 mm 的插入式振动棒，插入振动棒时，振动棒距离试模底板10～20 mm且不得触及试模底板，振动应持续到表面出浆为止，且应避免过振以防止混凝土离析，一般振捣时间为20 s。振动棒拔出时要缓慢，拔出后不得留有孔洞。

③刮除试模上口多余的混凝土，待混凝土临近初凝时，用抹刀抹平。

3. 试件的养护

(1)试件成型后立即用不透水的塑料薄膜布覆盖表面。

(2)采用标准养护的试件，在温度为20 ℃±5 ℃的环境中静置1昼夜至2昼夜，然后编号拆模。

(3)拆模后立即放入温度为20 ℃±2 ℃、相对湿度95%以上的标准养护室中养护或在温度为20 ℃±2 ℃的不流动的氢氧化钙饱和溶液中养护，标准养护室内的试件应放在支架上，彼此间隔10～20 mm，试件表面应保持潮湿，并不得被水直接冲淋。

(4)同条件养护试件的拆模时间可与实际构件的拆模时间相同，拆模后，试件仍需同条件养护。

(5)标准养护龄期为28 d(从搅拌加水开始计时)。

任务二　混凝土抗压强度试验委托合同单

混凝土抗压强度试验委托合同单范例见表 18-1。

表 18-1　混凝土抗压强度试验委托合同单(范例)

委托编号：HY　　　　　　　　　　　　　　　　　　　　委托日期：×年×月×日

工程名称	实训办公楼 1#			施工部位		一层柱		
委托单位	××			强度等级		C20		
建设单位	××学校××专业组			施工稠度		35 mm		
施工单位	××班级××小组			搅拌方法		机械√人工		
见证单位	××			振捣方法		机械√人工		
见证人	××			养护方法		标准√同条件		
成型日期	×年×月×日	龄期		28 d	试模尺寸/mm		100×100×100	
水胶比	砂率							

水胶比	砂率	$1\ m^3$ 混凝土材料用量/$(kg \cdot m^{-3})$						
		水泥	砂	石	水	外加剂 1	外加剂 2	掺合料
0.40	28 %	280	702	1 304	175			
检验依据	《普通混凝土力学性能试验方法标准》(GB/T 50081—2002)			配合比报告编号		HP150500001		
生产厂家	自制			工程编号		××		
备注								

委托单位：××　　　　　　　　见证单位：××　　　　　　　　检验单位：××

　　(盖章)　　　　　　　　　　(盖章)　　　　　　　　　　　(盖章)

经手人：××　　　　　　　　　见证人：××　　　　　　　　　经手人：××

联系电话：××××　　　　　　联系电话：××××　　　　　　联系电话：××××

任务三 混凝土抗压强度试验报告

混凝土抗压强度试验报告范例见表 18-2。

表 18-2 混凝土抗压强度试验报告(范例)

委托编号：1510110 报告编号：1510113

工程名称	实训办公楼 1#		委托日期	×年×月×日
委托单位	××班级××小组		成型日期	×年×月×日
建设单位	××学校××专业组		试压日期	×年×月×日
施工单位	××班级××小组		报告日期	×年×月×日
见证单位	学校考试考核办公室		养护方法	标准养护
施工部位	一层柱		搅拌方法	人工搅拌
见证人	××		振捣方法	机械振捣
强度等级	C20		施工稠度	35 mm
水泥	厂名	××水泥有限公司	品种等级	普通硅酸盐水泥 42.5
	报告编号	15010102	出厂日期	×年×月×日
砂子	产地	××	种类	天然砂
	报告编号	15010103	规格	中砂
石子	产地	××	种类	碎石
	报告编号	15010104	规格	5~31.5 mm
外加剂或掺合料	厂家	/	/	/
	报告编号	/		/

混凝土配比报告编号	砂率/%	水胶比	1 m³ 混凝土材料用量/kg				
			水泥	砂子	石子	水	掺加剂
HP150500001	28	0.40	280	702	1 304	175	/

抗压强度试验结果					
龄期	受压面积	荷载值	抗压强度	强度代表值	占设计/%
28	10 000	595	26.4	26.9	134.7
		610	27.1		
		615	27.3		
检验依据					
备注					
单位：××	负责人：××		审核：××		试验：××

任务四　建筑材料见证取样一览表

建筑材料见证取样一览表见表 18-3。

表 18-3　建筑材料见证取样一览表

序号	材料名称	序号	材料名称	序号	材料名称
1	水泥	16	掺合料	31	砂
2	碎石或卵石	17	混凝土拌合水	32	轻集料
3	石灰	19	建筑石膏	33	砌块
4	钢材	19	钢筋连接	34	防水材料
5	混凝土外加剂	20	普通混凝土	35	抗渗混凝土
6	高强度混凝土	21	轻集料混凝土	36	回弹仪检测混凝土抗压强度
7	砂浆	22	砌体工程现场检测	37	陶瓷砖
8	玻璃马赛克	23	陶瓷墙地砖胶粘剂	38	外墙饰面黏结
9	石材	24	建筑水磨石	39	铝塑复合板
10	纸面石膏板	25	矿棉装饰吸声板	40	建筑用轻钢龙骨
11	铝合金建筑型材	26	建筑门窗	41	木材
12	建筑涂料	27	耐热材料	42	耐酸砖
13	耐火砖	28	不发火集料及混凝土	43	聚氯乙烯卷材地板
14	半硬质聚氯乙烯块状塑料	29	管材	44	卫生陶瓷
15	幕墙	30	回填土	—	—

砂率、水胶比的计算方法是什么？

参考答案

电渣压力焊见证取样的要求是什么？

模块十九　工程竣工

技能要点

1. 竣工测量。
2. 分户验收。
3. 竣工验收。
4. 竣工验收表。

技能目标

1. 竣工时垂直度、全高测量检测。
2. 分户验收的操作。
3. 竣工要求。

任务一　建筑物垂直度、全高测量记录（竣工）

建筑物垂直度、全高测量记录（竣工）范例见表19-1。

表 19-1　建筑物垂直度、全高测量记录（竣工）（范例）

工程名称	实训办公楼1#		
工程形象进度	竣工	测量日期	×年×月×日
垂直度测量（全高）		全高测量	
测量部位	实测偏差值/mm	测量部位	实测偏差值/mm
1#东南楼角	+12	A 南纵墙东端	+21
2#西南楼角	+15	B 西纵墙南端	+19
3#西北楼角	+9	C 北纵墙西端	+21
4#东北楼角	+11	D 北纵墙东端	+20

测量说明（附测量示意图）

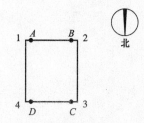

工程名称	实训办公楼1#	
施工单位 检查结论	经测量本楼全高垂直度、总高度实测偏差值符合规范规定 项目技术负责人：××	×年×月×日
监理(建设) 单位验收结论	经复测，全高垂直度、总高度实测偏差值符合规定 总监理工程师：×× (建设单位项目技术负责人)	×年×月×日

注：本表适用竣工工程，对建筑物垂直度、全高进行实测记录。

内质检软件登记号：47681093

要点说明

竣工测量一般采用碎部测量法。

任务二　分户验收

分户验收是住宅工程在竣工验收前对每一户及单位工程的公共部位进行专门验收。

1. 分户验收的内容

楼地面、墙面和顶棚面层质量，门窗安装质量，栏杆安装质量，室内空间尺寸、厨卫间质量，室内排水、暖卫系统安装质量，室内电气工程安装质量，公共部位质量。

2. 分户验收的一般规定

当量取长度或高度时应确定实测值的基准值，实测值与基准值相减的差值在允许偏差范围内判为合格点；当合格点率达到80%及以上，不合格点不超出允许偏差的1.5倍(净高、净距1.0倍)及观感项目全部合格判为合格；否则为不合格，应在整改合格后重新验收；分户验收不合格的，建设单位不得组织单位工程竣工验收。

3. 分户验收组织及各方责任

分户验收由建设单位组织，由建设单位项目负责人、监理单位的总监理工程师、各专业监理工程师和施工单位的质量负责人、项目经理、施工员、质检员等组成分户验收组。

(1)建设单位责任：建设单位是分户验收的第一责任人，组织、协调施工、监理进行分户验收工作。

(2)施工单位责任：编制分户验收方案。配备足够的检查人员和检查工具。

(3)监理单位责任：审核施工单位编制的分户验收方案。配备一定数量的具有相应资格的监理人员，以及足够的检查验收工具。

4. 净高、净距测设

室内净高、净距的测量分为主体和竣工之前两个部分。

任务三 主体验收净高、净距测量

主体验收净高、净距测量范例见表19-2。

表19-2 住宅主体工程质量专门验收检查表(室内净空尺寸)(范例)

ZTYSB-005

工程名称：实训办公楼1#　　　结构层数：框架/二层　　　房号：1#一层　　　时间：×年×月×日

房间编号	净高基准值(mm)=结构层高一现浇板厚度		H1~H5 净高实测偏差值/mm					极差/mm	结论
			H1	H2	H3	H4	H5		
1	**2 700－100＝2 600**		5	7	5	－1	－2	9	
2									
3									合格
4									
5									

房间编号	墙(柱)净距基准值/mm				净距实测偏差值/mm				相对差值/mm		结论
	L1	L2	L3	L4	L1	L2	L3	L4	L1－L2	L3－L4	
1	净距＝轴线一墙厚(柱)截面		净距＝轴线一墙厚(柱)截面								
2	**2 600**	**2 600**	**4 600**	**4 600**	4	6	－1	3	2	4	合格
3											
4											

验收结论	验收合格

室内净空尺寸测量示意	备注：

注：房间H编号从西北角开始为H1顺时针转至H4，H5为房间中点位置；房间L编号H1—H2间为L1，H3—H4间为L2，H1—H4间为L3，L2—L3间为L4，L1与L2为一对，L3与L4为一对；砖混、剪力墙只测墙距，框架、框剪墙距、柱距均测；上格为墙距、下格为柱距。

监理工程师：××	建设单位项目负责人：××
质 检 员：××	施工项目技术负责人：××

任务四　工程竣工前的净高、净距测量

工程竣工前的净高净距测量范例见表19-3。

表 19-3　分户验收检查表(室内空间净尺寸)(范例)

验收日期：×年×月×日　　　　　　　　　　　　　　　　　　　　　　　　总　　页第　　页

工程名称	**实训办公楼1#**					房号		**1#一层**	
房间编号	净高基准值/mm	净高实测偏差值/mm					极差/mm		结论
		H1	H2	H3	H4	H5			
1	**2 545**	**6**	**9**	**10**	**2**	**8**	**8**		
2									
3									**合格**
4									
5									
房间编号	净距基准值/mm				净距实测偏差值/mm				相对差值/mm		结论
	L1	L2	L3	L4	L1	L2	L3	L4	L1−L2	L3−L4	
1	**2 570**	**2 570**	**4 570**	**4 570**	**−2**	**5**	**6**	**3**	**7**	**3**	
2											
3											
4											**合格**
5											
6											
验收结论	验收合格										

示意图：

备注：

注：H编号：以房间西北角为H1，顺时针转至H4，H5为房间中点。L编号：H1—H2之间为L1，H3—H4之间为L2，H1—H4之间为L3，H2—H3之间为L4，L1与L2为一对，L3与L4为一对；砖混结构、剪力墙结构只测墙距，框架结构、框剪结构的墙距、柱距均应测量；不合格点数值应用笔圈出。

项目专业质量检查员：××　　　　　　　　　　　　　项目专业技术负责人：××

建设单位验收人员：××　　　　　　　　　　　　　　专业监理工程师：××

净高和净距是两个基本要素。

任务五　工程竣工验收

（1）基本介绍：工程竣工验收是指建设工程依照国家有关法律、法规及工程技术规范、标准的规定完成工程设计文件要求和合同约定的各项内容，建设单位已取得政府有关主管部门（或其委托机构）出具的工程施工质量、消防、规划、环保、城建等验收文件或准许使用文件后，组织工程竣工验收并编制完成《建设工程竣工验收报告》。竣工验收是全面考核建设工作，检查是否符合设计要求和工程质量的重要环节，对促进建设项目（工程）及时投产，发挥投资效果，总结建设经验具有重要作用。

（2）验收范围：凡新建、改建、扩建的基本建设项目（工程）和技术改造项目，按批准的设计文件所规定的内容建成，符合验收标准的，必须及时组织验收，办理固定资产移交手续。

（3）验收依据：批准的设计任务书、初步设计或扩大初步设计、施工图和设备技术说明书以及现行施工技术验收规范以及主管部门（公司）有关审批、修改、调整文件等。

（4）竣工验收必须符合以下要求：

1）生产性项目和辅助性公用设施，已按设计要求完成，能满足生产使用。

2）主要工艺设备配套设施经联动负荷试车合格，形成生产能力，能够生产出设计文件所规定的产品。

3）必要的生活设施，已按设计要求建成。

4）生产准备工作能适应投产的需要。

5）环境保护设施、劳动安全卫生设施、消防设施已按设计要求与主体工程同时建成使用。

（5）工程竣工验收程序及内容如下：

1）竣工验收组织。由建设单位负责组织实施建设工程竣工验收工作，由质量监督机构对工程竣工验收实施监督。

2）竣工验收人员。由建设单位组织竣工验收小组。验收组长由建设单位法人代表或其委托的负责人担任。验收组副组长应至少有一名工程技术人员担任。验收组成员由建设单位上级主管部门、建设单位项目负责人、建设单位项目现场管理人员及勘察、设计、施工、监理单位与项目无直接关系的技术负责人或质量负责人组成，建设单位也可邀请有关专家参加验收小组。验收小组成员中土建及水电安装专业人员应配备齐全。

3）竣工验收标准。竣工验收为国家标准、现行质量检验评定标准、施工验收规范、经审查通过的设计文件及有关法律、法规、规章和规范性文件规定。

4）竣工验收程序及内容。

①由竣工验收组组长主持竣工验收。

②建设、施工、监理、设计、勘察单位分别书面汇报工程项目建设质量情况，合同履约及执行国家法律、法规和工程建设强制性标准情况。

③验收组分为以下三部分进行检查验收：

a. 检查工程实体质量。

b. 检查工程建设参与各方提供的竣工资料。

c. 对建筑工程的使用功能进行抽查、试验。

5)对竣工验收情况进行汇总讨论，并听取质量监督机构对该工程质量监督情况。

6)形成竣工验收意见，填写《建设工程竣工验收备案表》和《建设工程竣工验收报告》，验收小组人员分别签字，建设单位盖章。

7)当在竣工过程中发现严重问题，达不到竣工验收标准时，验收小组应责成责任单位立即整改，并宣布本次验收无效，重新确定时间组织竣工验收。

8)当在竣工过程中发现一般整改质量问题，验收小组可形成初步验收意见，填写有关表格，由有关人员签字。但建设单位不加盖公章。验收小组责成有关责任单位整改，可委托建设单位项目负责人组织复查，整改完毕符合要求后，加盖建设单位公章。

9)当验收小组各方不能形成一致竣工验收意见时，应当协商提出解决办法，待意见一致后，重新组织工程竣工验收。当协商不成时，应报住房城乡建设主管部门或质量监督机构进行协商裁决。

（6）竣工验收备案。建设工程竣工验收完毕后，由建设单位负责，在15 d范围内，向备案部门办理竣工验收备案。

工程竣工验收申请报告及工程竣工验收单分别见表19-4和表19-5。

表 19-4　工程竣工验收申请报告（范例）

工程名称	实训办公楼1#		
工程地址	实习实训基地		
施工单位	××班级××小组		
建筑层数	二层	建筑面积	30. 64 m²
开工日期	×年×月×日	申请竣工日期	×年×月×日
竣工验收条件具备情况	项目内容		施工单位自检情况
	完成工程设计和合同约定的情况		已按合同约定，完成了设计、变更及增加工程量的全部内容
	施工技术管理/质量控制资料		经自检，工程质量控制资料齐全
	主要建筑材料/工程实体质量检测报告		合格，符合要求
	施工安全评价书		合格
	工程款支付情况		/
	工程质量保修书		已签订
	工程质检机构责令整改问题的执行情况		已按要求整改完毕
已按设计图纸及变更完成各项内容，工程质量合格，特申请办理工程竣工验收手续 项目负责人：×× 技术负责人：×× 法人代表：××			（施工单位盖章） ×年×月×日
监理单位意见： 同意竣工验收 总监理工程师：××			（监理单位盖章） ×年×月×日

表 19-5　工程竣工验收单(范例)

工程名称	实训办公楼 1#		施工范围	主体、装修
施工单位	××班级××小组			
建筑面积	30.64 m²	原预算价	/	合同价	/
开工日期	×年×月×日	竣工日期	×年×月×日	验收日期	×年×月×日
交工验收意见	建设单位意见：××　　同意交工 参加验收人员：××　　××　　××			
	施工单位意见：××　　同意交工 参加验收人员：××　　××　　××			
验收结论	本工程已按设计图纸及变更约定的范围施工完毕，工程质量符合合同要求和设计图纸及有关验收标准，各项功能满足使用要求，评定为合格工程，同意使用。			
建设单位签章	×年×月×日	监理单位签章	×年×月×日	施工单位签章	×年×月×日

要点说明

检查工程实体质量是竣工验收的重点。

参考答案

技能巩固

一般建筑物竣工测量的主要内容有哪些？

技能拓展

建筑工程竣工资料包括哪些？

附　　录

附录一　塔式起重机基础

一、塔式起重机(简称塔机)

(1)塔机是重要的垂直运输设施,有高大的钢结构塔身和较长的起重臂,具有较大的工作空间,起重高度大。因此,其广泛地应用于多层和高层工业与民用建筑的施工。

(2)正常情况下,塔机的安装和拆卸由有资质专业队伍完成,施工单位负责塔机的固定式基础施工,塔机基础是保证塔机正常工作的重要组成部分。技术人员进入施工现场后的第一项测量、施工任务大多数是塔机基础,所以,塔机基础施工也是技术人员的一项必备技能。

(3)塔机固定式基础必须满足以下两项要求:

1)将塔机上部荷载均匀地传递给地基并不得超过地耐力。

2)要使塔机在各种不利工况下均能保持整体稳定而不致倾翻。

二、塔机固定式十字形基础施工实例

1. 塔机概况

根据工程施工的实际,采用 QTZ60 型塔机,其使用说明书为:塔身为方钢管桁架结构,塔身桁架结构宽度为 1.6 m,最大起重量为 6 t,最大起重力矩为 69 t・m,最大吊物幅度为 50 m,结构充实率为 0.35,独立状态下塔机最大起吊高度为 40 m,塔机计算高度为 43 m。

2. 相关参数

(1)自重荷载及起重荷载。

(2)风荷载计算(分工作状态下和非工作状态)。

(3)塔机的倾覆力矩。

(4)综合分析、计算。

3. 塔机基础设计

(1)地基土承载力验算。

(2)塔机配筋计算。

(3)基础配筋。

(4)混凝土强度等级。

4. 塔机基础施工

(1)选址:需要考虑覆盖面能否满足施工要求,满足提升高度、供应能力的要求。

(2)地基基础概况:根据现场的工程地质勘察报告,现场为 B 类地面粗糙度,持力层地基为可塑状态下的粉质黏土,地基承载力特征值为 160 kPa,重度为 19.3 kN/m³,地下水水位在自然地面 2 m 以下,且无软弱土层。塔机基础埋置深度为 1.5 m,且基础顶面不覆土。

(3)塔机基础示意如附图 1 所示。

（4）施工工艺：施工准备→测量定位→挖土、修整边坡→浇筑垫层混凝土→钢筋加工、安装→混凝土浇筑→混凝土养护→验收。

（5）工艺流程。

1）施工准备：

①熟悉塔机基础施工图，计算各材料用量。

②预埋地脚螺栓备齐。

③确定塔机基础平面位置、高程。

2）测量定位：

①确定并引测塔机基础标高。

②用经纬仪、水准仪确定塔基基础中心。在中心点上设置经纬仪，确定十字梁基础与拟建工程的距离和方位。

③以基础梁末端每侧加1 m处钉木桩，然后每1 m间距做塔机基础龙门桩。

④引测标高至木桩，钉龙门板。用经纬仪测量十字线，将基础中心线、基槽边线引至龙门板上。

3）挖土、修整边坡：

①撒基槽白灰边线。

②用挖掘机开挖土方。

③待机械挖土完毕后，根据中心线重新进行塔机基础放线定位，定出塔机基础的位置，采用人工开挖修整。

④开挖时测量开挖标高，防止超挖。

⑤塔机基坑开挖后经有关技术、质检人员检查，检查基坑土质是否与勘察报告相符，并做好记录。

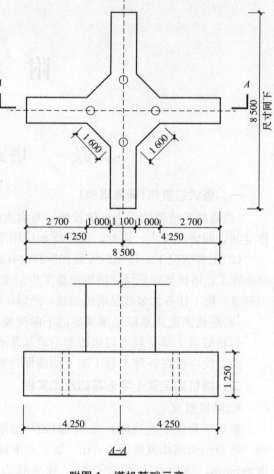

附图1 塔机基础示意

附录二 建筑奖项设置

1. 世界六大最著名建筑奖项

（1）普利兹克建筑奖。

（2）金块奖。

（3）国际建筑奖。

（4）阿卡汗建筑奖。

（5）亚洲建协建筑奖。

（6）开放建筑大奖。

2. 国家级建筑奖项

(1)中国建筑工程鲁班奖。

(2)中国土木工程詹天佑奖。

(3)梁思成建筑奖。

(4)华夏建设科学技术奖。

(5)绿色建筑创新奖。

(6)全国建筑工程装饰奖。

(7)中国建筑工程钢结构金奖。

(8)工程项目管理优秀奖。

3. 各省、市、自治区及地区奖项

各省、市、自治区及地区根据本地区建筑行业实际情况设立了相应奖项：

如内蒙古自治区

(1)自治区主席质量奖。

(2)草原杯及优质样板工程奖。

(3)建筑施工安全质量标准化工地。

如内蒙古自治区赤峰市

(1)玉龙杯工程奖。

(2)建筑施工安全质量标准化工地。

附录三　地方住房城乡建设主管部门规定

地方住房城乡建设主管部门在执行国家规范的前提下，结合本地区实际，为提高工程质量定期下发有关规定，在本地区执行。

例：赤峰市建委 2015 年关于提高建筑工程质量有关规定(节选)。

一、设计技术措施

(1)室内水泥混凝土面层设计强度应不低于 C20。

(2)设计应明确剪力墙结构楼梯转向平台的做法。

(3)设计应对住宅室内楼板与户间墙体的隔声提出构造措施。

二、施工技术措施

(1)玻璃幕墙的钢化玻璃，必须具有玻璃钢化厂家提供的二次引爆处理的检测报告。

(2)干挂石材幕墙的石材开槽必须在车间完成，不得在施工现场开槽。

(3)为了防止外挑脚手架及塔机等起重设备的支撑或附着对混凝土结构构件造成损害，其支撑或附着安装部位应有加强措施，且加强措施必须征得设计同意。

参 考 文 献

[1] 邓泽民，候金柱. 职业教育教材设计[M]. 2版. 北京：中国铁道出版社，2012.

[2] 《建筑施工手册》(第5版)编委会. 建筑施工手册[M]. 5版. 北京：中国建筑工业出版社，2013.

[3] 邱小坛. 建筑工程施工质量验收统一标准解读与资料编制指南[M]. 北京：中国建筑工业出版社，2014.

[4] 中华人民共和国住房和城乡建设部. GB 50300—2013 建筑工程施工质量验收规范[S]. 北京：中国建筑工业出版社，2014.

[5] 中华人民共和国建设部，中华人民共和国国家质量监督检验检疫总局. GB 50026—2007 工程测量规范[S]. 北京：中国计划出版社，2008.

[6] 北京建工集团有限责任公司. 建筑分项工程施工工艺标准(上下册)[M]. 3版. 北京：中国建筑工业出版社，2008.

[7] 陈达飞. 平法识图与钢筋计算[M]. 2版. 北京：中国建筑工业出版社，2012.

[8] 滕延京. 建筑地基处理技术规范[M]. 北京：中国建筑工业出版社，2013.

[9] 刘振峰. 建筑节能保温施工技术[M]. 北京：中国环境科学出版社，2011.

[10] 车希海. 现代职业教育教学实用手册[M]. 济南：山东科学技术出版社，2008.

《建筑施工专业综

图纸目录

序号	图 纸 名 称	图号编号	图纸规格	备 注
001	结构设计总说明（一）	01/04	A2	
002	结构设计总说明（二）	02/04	A2	
003	基础及地梁平面布置及配筋图	03/04	A2	
004	柱、梁、板配筋图	04/04	A2	

实训办公楼		工程编号	DY2015515	设计阶段	结施图
设 计	专业负责人			图 号	
制 图	项目负责人	图纸名称	图纸目录	比 例	
校 对	审 核			第 张	共 张

建筑设计

1. 设计依据

1.1 建设单位建筑规划用地平面图。

1.2 建设单位确认的方案。

1.3 建设单位提供的有关设计资料。

1.4 国家有关规范

《民用建筑设计通则》(GB 50352-2005)。

《办公建筑设计规范》(JGJ 67-2006)。

《建筑设计防火规范》(GB 50016-2014)。

《建筑抗震设计规范（2016年版）》(GB 50011-2010)。

《外墙外保温工程技术规程》(JGJ 144-2004)。

2. 项目概况

2.1 工程名称：实训办公楼。

2.2 建设地点：赤峰市喀喇沁旗锦山镇。

2.3 建设单位：赤峰建筑工程学校。

2.4 本工程总建筑面积为×× m²。

2.5 建筑层数：地上2层，建筑高度为6.0 m。

2.6 建筑结构形式为框架结构。

设计合理使用年限为1年，抗震设防烈度为7度。

2.7 耐火等级为二级。

3. 定位及竖向设计

3.1 本建筑物的位置按建设单位提供的总平面图中所示位置。

3.2 本工程±0.000相当于绝对标高见建设单位提供的总平面图。

3.3 建设单位平整场地时，将自然地坪与设计室外标高相同为宜。

3.4 各层标注标高为建筑完成面标高，屋面标高为结构面标高。

3.5 图示尺寸除总平面图及标高以m为单位外，其余均以mm为单位。

4. 墙体工程

4.1 墙体的基础部分详见结施图。

4.2 非承重砌体墙详见建施图。

4.3 非承重的外围护墙采用200 mm厚陶粒砌块用M5混合砂浆砌筑，其构造和技术要求详见05J3-4。

4.4 所有砌块墙，除说明者外，均砌至梁底。

4.5 墙体留洞及封堵。

4.5.1 砌筑墙预留洞见建施和设备图，预留洞过梁见结施图。

4.5.2 预留洞的封堵：砌筑墙留洞待管道设备安装完毕后，用C20细石混凝土填实。

4.6 填充墙的做法应满足国家建筑标准设计《混凝土小型空心砌块填充墙建筑、结构构造》(14J102)的相关规定。

5. 屋面工程

5.1 屋面防水等级为Ⅲ级，防水层合理使用年限为1年。

5.2 屋面排水见屋面平面图，雨水管采用镀锌钢板φ100，详见05J5-1-62-3；雨水口采用铸铁雨水口，详见05J5-1-63-A、05J5-1-63-C。

5.3 屋面女儿墙防水及保温做法详见05J5-1-3-2。

5.4 屋面泛水做法详见05J5-1-5-B。

6. 门窗工程

6.1 门玻璃选用应遵照《建筑玻璃应用技术规程》（JGJ 113-2015)和《建筑安全玻璃管理规定》（发改运行〔2003〕2116号）及地方有关规定。

6.2 门窗定位：钢立框与洞口间隙用1：2.5水泥砂浆填实。

6.3 门窗立面均表示洞口尺寸。门窗大样为洞口分隔尺寸，门窗加工尺寸要按照装修面厚度由承包商予以调整，应由专业厂家二次设计，经设计单位认可后方可加工安装。

6.4 门窗气密性能不应低于《建筑外门窗气密、水密、抗风压性能分级及检测方法》（GB/T 7106-2008）规定的6级水平。

门窗雨水渗透性能不低于《建筑外门窗气密、水密、抗风压性能分级及检测方法》（GB/T 7106-2008）规定的3级水平。

保温性能不低于《建筑外门窗保温性能分级及检测方法》（GB/T 8484-2008）规定的6级水平。

隔声性能不低于《建筑门窗空气声隔声性能分级及检测方法》（GB/T 8485-2008）规定的3级水平。

本设计仅提供洞口尺寸、立面及开启方式，详细构造由厂家提供，经设计院审查后方能订货，厂家应明确门窗的抗风压、水密性、气

设计说明二

陶瓷地砖楼面	50厚
浆擦缝		
楼梯地面	50厚
浆擦缝		
陶瓷地砖地面	120厚
0厚）		
厚）		
真石漆外墙面	20厚
改20厚）		
水泥砂浆墙面	20厚

五、踢脚工程

踢1	面砖、石材踢脚	120高
1.10厚面砖，水泥浆擦缝		
2.5厚1:1水泥砂浆加水20%建筑胶镶贴		
3.17厚2:1:8水泥石灰砂浆，分两次抹灰		
4.刷建筑胶素水泥浆一遍，配合比为建筑胶：水=1:4		

六、顶棚工程

棚1	石灰砂浆顶棚	12厚
1.表面喷刷涂料另选		
2. 2厚麻刀（或纸筋）石灰面		
3. 10厚1:1:4水泥石灰砂浆		
4.钢筋混凝土楼板		

七、屋面工程

屋1	涂料保护层屋面	
1. 4厚SBS改性沥青防水卷材（上涂保护涂料取消）		
2. 20厚1:3水泥砂浆找平层		
3. 1:8水泥珍珠岩找3%坡最薄处20厚		
4.100厚聚苯板保温（聚苯板堆积密度≥25 kg/m³）（100厚改20厚）		
5. 20厚1:3水泥砂浆找平层		
6.钢筋混凝土屋面板		

八、室外工程

台1	入口台阶	
1.40厚花岗石板		
2.30厚1:4干硬性水泥砂浆		
3.素水泥浆结合层一遍		
4.60厚C15混凝土		
5.300厚3:7灰土		
6.素土夯实		

九、散水工程

散1	室外散水	210厚
1.60厚C15混凝土，面上加5厚1:1水泥砂浆随打随抹光		
2.150厚3:7灰土		
3.素水夯实，向外坡4%		

实训办公楼		工程编号	DY2015515		设计阶段	建施图
设 计		专业负责人			图 号	05/02
制 图		项目负责人		图纸名称	建筑设计说明一	比 例	1:100
校 对		审 核			第 张	共 张

· 2 ·

12. 建筑保温做法设计说明

12.1 聚苯板的粘贴。

12.1.1 聚苯板的尺寸一般采用1 200 mm×600 mm，可根据基层墙面的平整情况采取满粘法。

12.1.2 聚苯板应自下而上沿水平方向横向粘贴。聚苯板的燃烧性能不应低于B1级。

12.1.3 板与板的碰头缝应挤严，不留缝、不挤浆，在板边做包角网格布时，在板的侧面涂抹胶粘剂。其他情况下均不得在板侧面抹胶粘剂。

12.2 防裂保护层：由聚合物改性水泥配成抗裂砂浆，施工时压入深塑玻纤网格布，增加保温层的抗裂能力和提高表层的强度。

12.3 柔性耐水腻子找平修补表面，涂刷硅橡胶弹性底漆，形成弹性防水保护层，最后施工饰面层。

12.4 保温材料主要性能要求：

12.4.1 蒸压加气混凝土外墙材料：导热系数标准值为0.22 W/(m²·K)，修正系数为1.25。

12.4.2 EPS板（模塑聚苯板）：用于外墙保温时表观密度≥20 kg/m³，用于屋面、地面保温时表观密度为30 kg/m³，导热系数≤0.042 W/(m·K)，抗压强度≥0.1 MPa，抗拉强度≥0.1 MPa，蓄热系数≥0.36，尺寸稳定性≤0.2%，均为阻燃型。密封膏：可采用聚氨酯或硅酮建筑密封膏，技术性能指标应符合《聚氨酯建筑密封膏》（JC/T 482-2003）和《建筑用硅酮结构密封胶》（GB 16776-2005）的规定，燃烧性能为B1级。

12.4.3 胶粉聚苯颗粒外保温浆料性能指标：干表观密度≤230 kg/m³，蓄热系数为1.126 W/(m²·K)，导热系数为0.060 W/(m·K)，燃烧性能为B1级。

12.5 本保温材料物理性能指标根据其检测报告提供数据，保温材料的导热系数等物理性能指标进行现场检测，检测结果符合设计要求后方可用于施工。

12.6 标准图引用：内蒙古自治区工程建设05系列建筑图集平屋面保温选用05J屋13、屋6；外墙保温：05J3-1-A5-1，外墙阳角保温：05J3-1-A5-2，外墙阴角保温：05J3-1-A5-3，勒脚保温：05J3-1-A10-3，挑檐保温：05J3-1-A6-1，门窗洞口保温：05J3-1-A7-1、2、305J3-1-A8-12、3，底板保温：05J3-1-A12-4，线脚做法：05J3-1-A15-4。

12.7 EPS板薄抹灰外墙外保温系统及其他围护结构构造保温措施：

12.7.1 EPS板块为1 200 mm×600 mm，必要时设置抗裂分隔缝。

12.7.2 基层与胶粘剂的拉伸黏结强度不低于0.3 MPa，黏结界面脱开面积不应大于50%。粘贴砂浆的强度必须达到70%后方可继续锚定施工。

12.7.3 粘贴EPS板时，按顺砌方式粘贴，竖缝应逐行错缝。EPS板应粘贴牢固，不得有松动和空鼓。墙角处EPS板应交错互锁，门窗洞口四角处EPS板不得拼接，应采用整块EPS板切割成形，EPS板接缝应离角部至少200 mm，应做好系统在檐口、勒脚处的包边处理。装饰缝、门窗四角和阴阳角等处做好局部加强网施工。变形缝处应做好防水和保温构造处理。

12.7.4 抹面层于保温层的拉伸强度不得小于0.1 MPa，并且破坏部位应位于保温层内。

12.7.5 在外保温系统外侧采用不燃材料或难燃材料作防护层。防护层将保温材料完全覆盖。首层防护层的厚度不小于6 mm，其他部位不小于3 mm。

12.7.6 屋顶与外墙交界处、屋顶开口外置四周的保温层，采用宽度不小于500 mm的A级保温材料设置水平防火隔离带。屋面防水层或可燃保温层用不燃材料进行覆盖。

12.7.7 窗上下口，女儿墙内侧等部位均做30 mm厚胶粉聚苯颗粒保温砂浆构造保温。外墙外保温做至室外地坪1/2冻深处。

工程做法表（部分尺寸、做法进行了调整）

部位 名称	楼地面		踢脚	内墙面	顶棚	屋面	台阶	散水
	首层	楼层						
办公室	地1	楼1	踢1	内1	棚1	屋1	台1	散1

一、楼面工程

楼1

1. 8~10厚地砖铺实拍平，水
2. 40厚1:4干硬性水泥砂浆
3. 素水泥浆结合层一遍
4. 现浇钢筋混凝土板

楼2

1. 20厚大理石铺实拍平，水泥
2. 30厚1:4干硬性水泥砂浆
3. 素水泥浆结合层一遍
4. 钢筋混凝土楼梯

二、地面工程

地1

1. 10厚地砖地面，水泥浆擦缝
2. 40厚1:4干硬性水泥砂浆
3. 素水泥浆结合层一遍
4. 100厚C15混凝土（100厚改
5. 70厚挤塑聚苯板（70厚改20
6. 素土夯实

三、外墙面工程

墙1

1. 真石漆涂料
2. 弹性底涂，柔性耐水腻子
3. 抗裂砂浆压入网格布
4. 80厚聚苯乙烯泡沫板（80厚
5. 外墙基层清理

四、内墙面工程

内1

1. 喷内墙涂料
2. 6厚1:2.5水泥砂浆压实抹光
3. 7厚1:3水泥砂浆找平扫毛
4. 7厚1:3水泥砂浆打底扫毛

说明一

密性、防火、隔声、隔热等技术指标。

门 窗 表

类型	设计编号	洞口尺寸/(mm×mm)	数量	选用型号	备注
门	M1023	1 000×2 300	1	见详图	安全玻璃门
	M1523	1 500×2 300	1	见详图	安全玻璃门
窗	C1514	1 500×1 400	2	见详图	断桥铝窗

说明:

1. 门窗生产厂家应由甲、乙方共同认可,厂家负责提供安装详图,并配套提供五金配件,预埋件位置视产品而定,但每边不得少于2个。
2. 门窗的设计、制作、安装均应由有资质的专业公司承担。
3. 门窗安装均需待现场实测后方可加工安装,门窗数量见现场实测。
4. 外墙门窗立樘位置除注明者外均立墙中。
5. 门窗开启方式为内平开,分格方式见门窗详图,玻璃采用中空净白玻璃,门窗框颜色另定。
6. 门窗立面图仅表示分樘,门及开启扇的位置与形式以及相关尺寸,经与设计单位协商后可作局部调整。
7. 门窗开启线表示方法:实线表示外开,虚线表示内开,箭头表示推拉门窗,无线表示固定窗。
8. 所有窗户均设附框,材料及做法由建设单位和施工单位确定。
9. 所有开启扇均带纱扇。

7. 防火设计

7.1 本工程为二类多层公共建筑。
7.2 本工程建筑层数:地上2层,建筑高度为6.0 m。
7.3 防火间距:本工程与其他建筑的间距均应符合防火规范要求,建筑周围与道路应满足消防要求。
7.4 防火分区:本建筑为一个防火分区,面积均应符合防火规范要求。
7.5 外露的金属结构构件应涂防火涂料作保护层,耐火极限为1 h。
7.6 外墙保温材料燃烧性能为A级。

8. 外装修工程

8.1 外装修设计和做法索引见立面图及外墙详图。
8.2 承包商进行二次设计的轻钢结构、装饰物等经确认后须向建设和设计单位提供预埋件的设置要求。
8.3 外装修选用的各项材料的材质、规格、颜色等,均由施工单位提供样板,经建设和设计单位确认后进行封样,并据此验收。

9. 内装修工程

9.1 室内装修材料选用应符合《建筑内部装修设计防火规范》(GB 50222—2017)的规定,楼(地)面部分执行《建筑地面设计规范》(GB 50037—2013),有关材料均选用不燃烧材料,须经防腐、防锈和防火处理。
9.2 楼地面构造交接处和地坪高度变化处,除图中另有注明者外均位于齐平门扇开启面处。

10. 油漆涂料工程

10.1 室内装修所采用的油漆涂料部位详见室内装修做法表。
10.2 室外楼梯栏杆选用不锈钢,做法详见05J8-65-1。
10.3 室内外各项露明金属件的油漆为刷防锈漆两道后再做同室内外部位相同颜色的漆。
10.4 各项油漆均由施工单位制作样板,经确认后进行封样,并据此进行验收。

11. 室外工程(室外设施)

11.1 室外花岗岩台阶做法详见05J9-1-67-②E。
11.2 散水做法详见05J1-113-1散1,宽900,找坡4%。
11.3 雨篷做法见墙身大样图。
11.4 铁爬梯见05J8①/109。

实训办公楼		工程编号	DY2015515	设计阶段	**建施图**
设 计	专业负责人			图 号	05/01
制 图	项目负责人	图纸名称	建筑设计说明一	比 例	1:100
校 对	审 核			第 张	共 张

图纸目录

序号	图 纸 名 称	图纸编号	图纸规格	备 注
001	建筑设计说明一	01/05	A2	
002	建筑设计说明二	02/05	A2	
003	平、立、剖图	03/05	A2	
004	楼梯详图	04/05	A2	
005	墙身大样1、雨篷详图	05/05	A2	

实训办公楼		工程编号	DY2015515	设计阶段	建施图
设 计	专业负责人			图 号	
制 图	项目负责人	图纸名称	图纸目录	比 例	
校 对	审 核			第 张	共 张

《合实务》配套图集

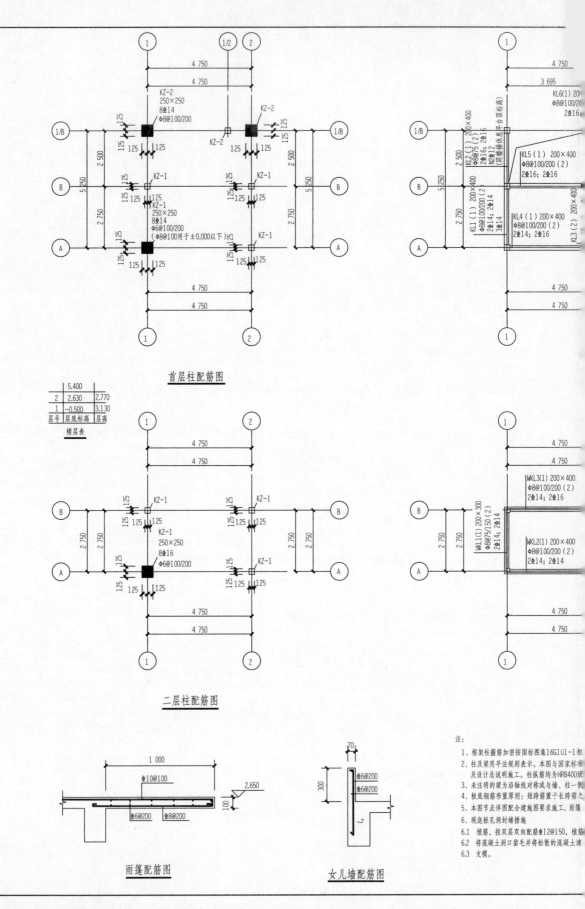

首层柱配筋图

5.400		
2	2.630	2.770
1	-0.500	3.130
层号	层底标高	层高

楼层表

二层柱配筋图

雨篷配筋图

女儿墙配筋图

注:
1. 框架柱箍筋加密按国标图集16G101-1相
2. 柱及梁用平法规则表示。本图与国家标准
   及设计总说明施工。柱纵筋均为HRB400级
3. 未注明的梁为沿轴线对称或与墙、柱一侧
4. 板底钢筋布置原则：短跨筋置于长跨筋之
5. 本图节点详图配合建筑图要求施工，雨篷
6. 现浇板孔洞封堵措施
6.1 植筋，按双层双向配筋φ12@150，植筋
   将混凝土洞口凿毛并将松散的混凝土清
6.2 将混凝土洞口凿毛并将松散的混凝土清
6.3 支模。

· 9 ·

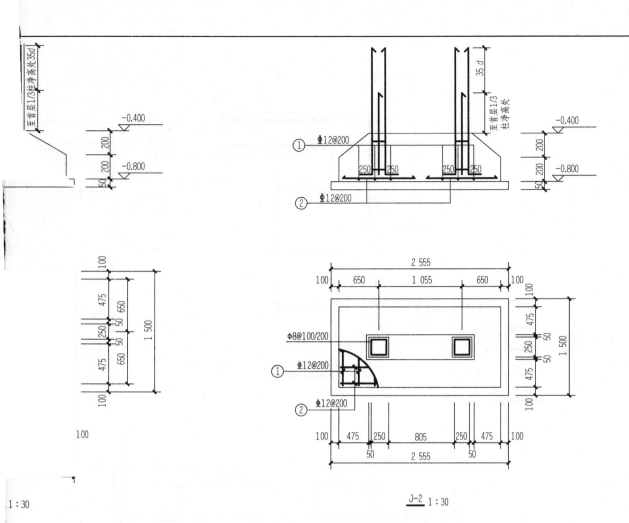

J-2 1:30

1:30

实训办公楼			工程名称	DY2015515
设　计		专业负责人		基础及地梁平面布置
制　图		项目负责人	图纸名称	及配筋图
校　对		审　核		

·8·

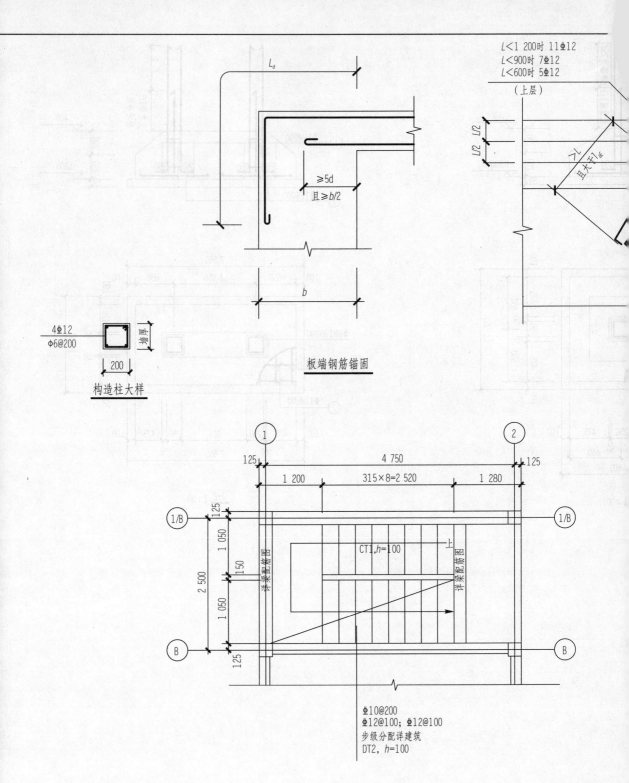

$L < 1\,200$时 $11\Phi12$
$L < 900$时 $7\Phi12$
$L < 600$时 $5\Phi12$
（上层）

$\geq 5d$
且 $\geq b/2$

L_a

b

$\geq 7L_{aE}$
且大于 $7L_{aE}$

$L/2$ $L/2$

$4\Phi12$
$\Phi6@200$

200

构造柱大样

板端钢筋锚固

125 4 750 125
1 200 315×8=2 520 1 280

125
1 050
150
2 500
1 050
125

CT1, $h=100$ 上

$\Phi10@200$
$\Phi12@100$；$\Phi12@100$
步级分配详建筑
DT2, $h=100$

楼梯配筋图

设计总说明

种类		代号	f_y	f_s
热轧钢筋	HPB300	φ	300	420
	HRB335、HRBF335	Φ、Φ^F	335	455
	HRB400、HRBF400、RRB400	Φ、Φ^F、Φ^R	400	540
	HRB500、HRBF500	Φ、Φ^F、Φ^R	500	630

3. 钢材：Q235-B钢板，热轧普通型钢。

4. 焊条。

钢筋牌号	电弧焊接头形式			
	帮条焊、搭接焊	帮条焊、熔槽帮条焊、预埋件穿孔塞焊	窄间隙焊	钢筋与钢板搭接焊、预埋件T形角焊
HPB300	E4303	E4303	E4316、E4315	E4303
HRB335	E4303	E5003	E5016、E5015	E4303
HRB400	E5003	E5503	E6016、E6015	E5003

5. 墙体。

砌体名称	砌块				砌筑砂浆	
	砌块名称	强度等级	堆积密度/(kN·m⁻³)	砌置部位	砂浆种类	强度等级
填充墙	陶粒空心砌块	MU5.0	8.0	一层~顶层外墙	混合砂浆	M5

三、基本规定

1. 混凝土结构的环境类别。

环境类别	条件	备注
一	室内干燥环境 无侵蚀性静水浸没环境	本工程上部结构
二(a)	室内潮湿环境，非严寒和非寒冷地区的露天环境 非严寒和非寒冷地区与无侵蚀性的水或土壤直接接触的环境 严寒和寒冷地区的冰冻线以下与无侵蚀性的水或土壤直接接触的环境	
二(b)	干湿交替环境，水位频繁变动环境，严寒和寒冷地区的露天环境 严寒和寒冷地区的冰冻线以上与无侵蚀性的水或土壤直接接触的环境	本工程地下部分外露混凝土构件
三(a)	严寒和寒冷地区冬季水位变动区环境，受除冰盐影响环境，海风环境	
三(b)	盐渍土环境，受除冰盐作用环境，海岸环境	
四	海水环境	
五	受人为或自然的侵蚀性物质影响的环境	

2. 结构混凝土耐久性的基本要求。

环境类别	最大水胶比	最低强度等级	最大氯离子含量/（%）	最大碱含量/（kg·m⁻³）
一	0.60	C20	0.30	不受限
二(a)	0.55	C25	0.20	3.0
二(b)	0.50（0.55）	C30（C25）	0.15	3.0

3. 混凝土保护层厚度。

环境类别	板、墙、壳/mm	梁、柱、杆/mm	环境类别	板、墙、壳/mm	梁、柱、杆/mm
一	15	20	三(a)	30	40
二(a)	20	25	三(b)	40	50
二(b)	25	35			

实训办公楼		工程名称	DY2015515	设计阶段	结施图
设计	专业负责人			图号	04/01
制图	项目负责人	图纸名称	结构设计总说明（一）	比例	1:100
校对	审核			第张	共张

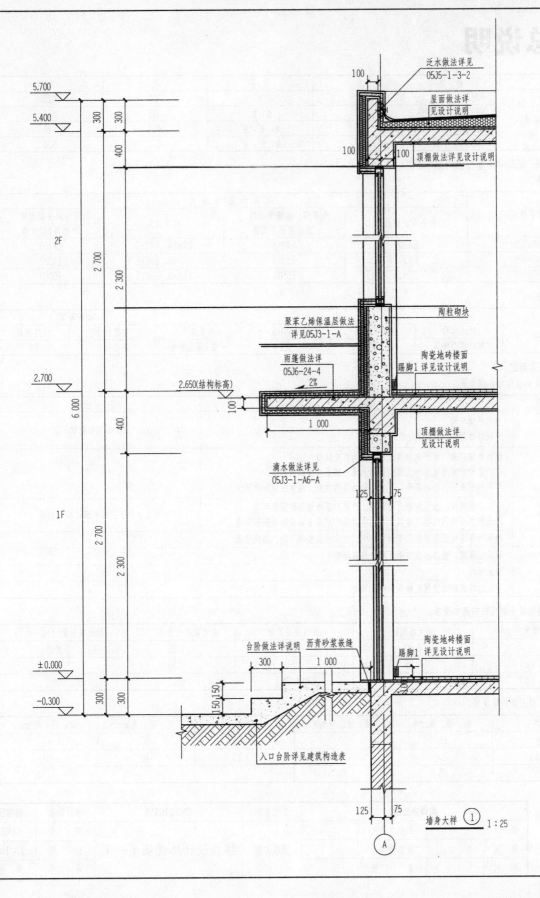

泛水做法详见
05J5-1-3-2

屋面做法详
见设计说明

顶棚做法详见设计说明

聚苯乙烯保温层做法
详见05J3-1-A

陶粒砌块

雨篷做法详
05J6-24-4

2.650(结构标高)

2%

陶瓷地砖楼面
踢脚1详见设计说明

顶棚做法详
见设计说明

滴水做法详见
05J3-1-A6-A

台阶做法详说明

沥青砂浆嵌缝

陶瓷地砖楼面
踢脚1详见设计说明

踢脚1

入口台阶详见建筑构造表

墙身大样 ① 1:25

A

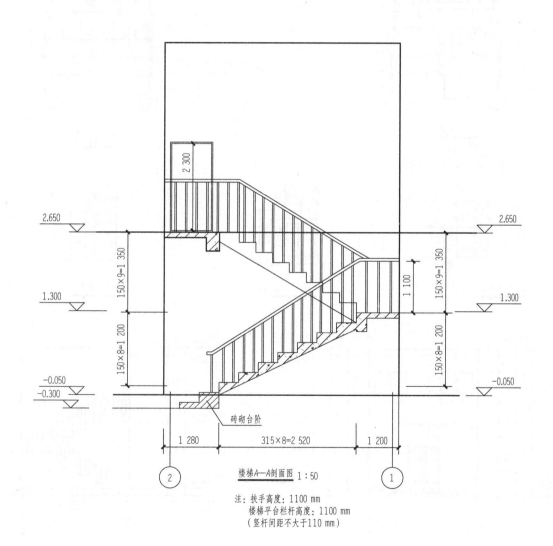

楼梯A—A剖面图 1:50

注：扶手高度：1100 mm
　　楼梯平台栏杆高度：1100 mm
　　（竖杆间距不大于110 mm）

实训办公楼		工程名称	DY2015515
设　计	专业负责人	图纸名称	楼梯详图
制　图	项目负责人		
校　对	审　核		

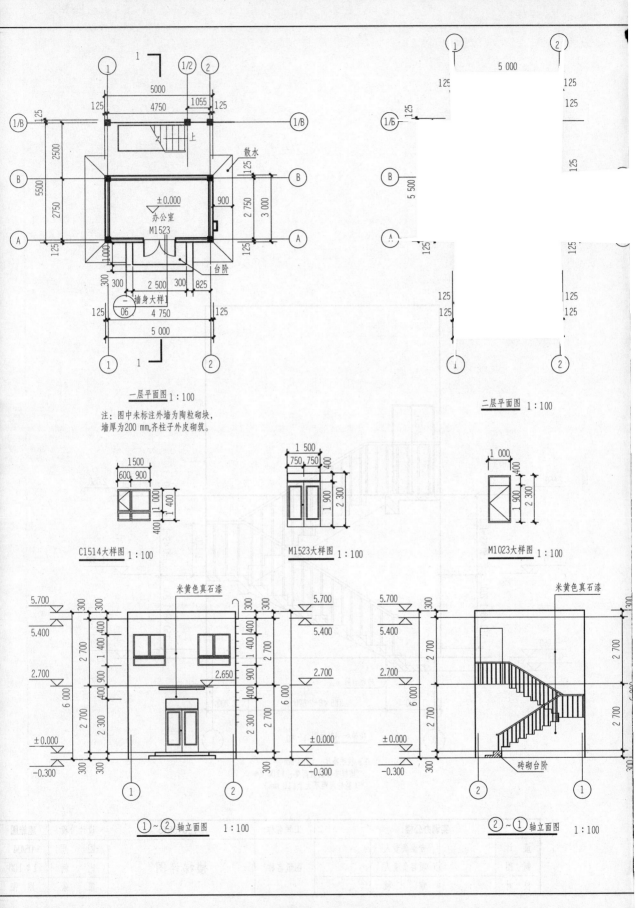

一层平面图 1:100

注：图中未标注外墙为陶粒砌块，
墙厚为200 mm,齐柱子外皮砌筑。

二层平面图 1:100

C1514大样图 1:100

M1523大样图 1:100

M1023大样图 1:100

①~②轴立面图 1:100

②~①轴立面图 1:100

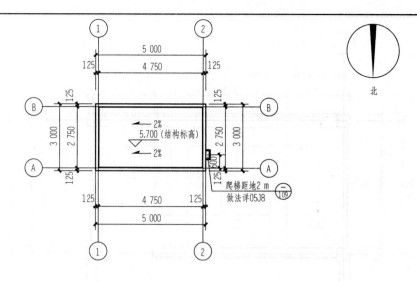

屋面排水平面图 1:100

北

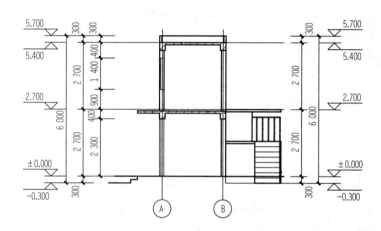

1—1剖面图 1:100

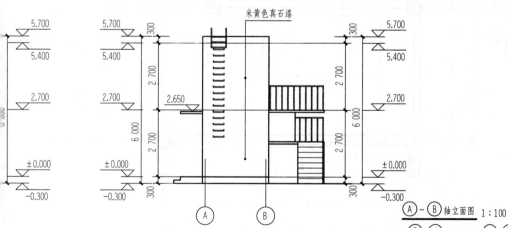

米黄色真石漆

Ⓐ~Ⓑ轴立面图 1:100

注：Ⓑ~Ⓐ轴立面图和Ⓐ~Ⓑ轴立面图成镜像关系。

实训办公楼		工程编号	DY2015515		设计阶段	建施图
设 计		专业负责人			图 号	05/03
制 图		项目负责人		图纸名称	比 例	1:100
校 对		审 核		平、立、剖图	第 张	共 张

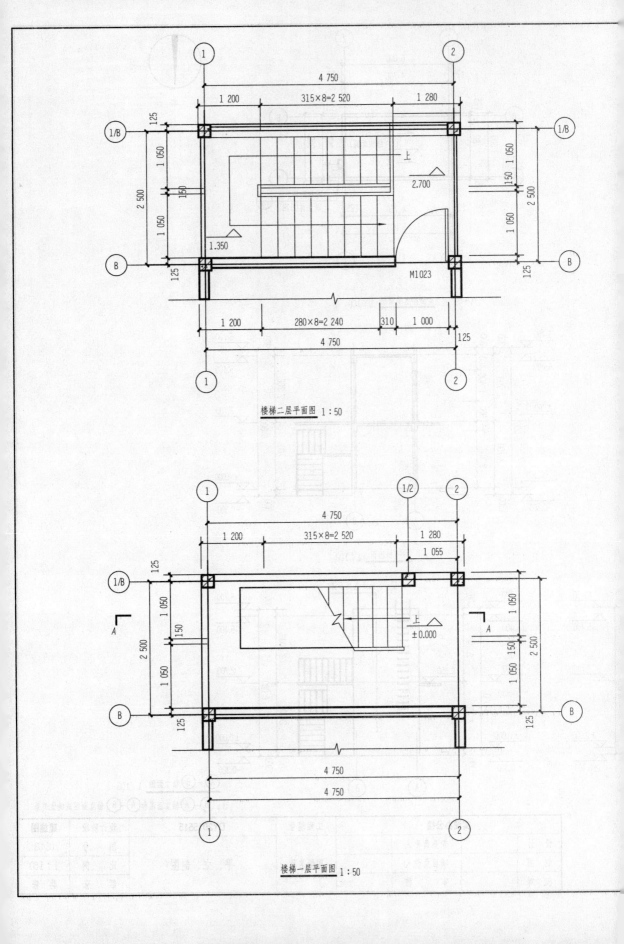

楼梯二层平面图 1:50

楼梯一层平面图 1:50

实训办公楼				工程名称	DY2015515	设计阶段	建施图
设　计		专业负责人				图　号	05/05
制　图		项目负责人		图纸名称	墙身大样1、	比　例	1：100
校　对		审　核			雨篷详图	第　张	共　张

一、工程概况

1. 本工程位于赤峰建筑工程学校校内，供学生实习期间施工的临时二层建筑，本工程待实习结束后需及时拆除。

2. 本工程结构概况。

建设地点	赤峰建筑工程学校		抗震等级	四级
结构类型	框架		建筑结构安全等级	二级
结构设计使用年限	1年		抗震设计地震分组	
抗震设防分类	丙类		抗震设防烈度	7度
基本风压标准值			基本雪压标准值	
人防情况	无		地上层数	2
地面粗糙度	C类		地下层数	无
混凝土环境类别	地上	一类	建筑物类别	A类建筑
	地下及其他外露构件	二类	建筑物高度	6.0 m

3. 主要设计活荷载标准值。

房屋类别	一层顶板	楼梯	不上人屋面		
荷载标准值/(kN·m^{-2})	2.0	2.5	0.5		

注：使用及施工堆料质量不得超过表中值，未经技术鉴定或设计许可，不得改变结构的用途和使用环境。

4. 本工程结构计算选用中国建筑科学研究院结构工程所开发研制的PKPM系列软件（2012.06版）。

5. 地基基础。

勘察报告	名称/编号	《实训办公楼岩土工程勘察报告》（详勘）			
	勘察单位	赤峰远方勘察有限公司			
场地类别	Ⅱ类	地基基础设计等级	丙级	持力层	圆砾层
基础类别	独立柱基础	地基承载力特征值	160 kPa	地下水位	可忽略
基底标高	−0.800 m	标准冻深	1.6 m	地下水质	微腐蚀性

6. 本工程设计采用的标准图集。

序号		图集名称		图集编号	备注
1		混凝土结构施工图平面整体表示方法制图规则和构造详图	现浇混凝土框架、剪力墙、梁、板	16G101-1	
2			现浇混凝土板式楼梯	16G101-2	
3			独立基础、条形基础、筏形基础、桩基础	16G101-3	
4	国家建筑标准设计图集	地下建筑防水构造		10J301	
5		混凝土结构施工钢筋排布规则与构造详图	现浇混凝土框架、剪力墙、梁、板	12G901-1	
6			现浇混凝土板式楼梯	12G901-2	
7			独立基础、条形基础、筏形基础及桩基承台	12G901-3	
8		建筑物抗震构造详图（多层和高层钢筋混凝土房屋）		11G329-1	
9	蒙标	02系列结构标准设计图集		02G01-09	

注：当上述图集存在与最新执行的规范、规程要求不符时，施工时应执行最新规范、规程的有关要求。

二、主要建筑材料技术指标

1. 混凝土强度等级。

结构构件	基础、地梁	梁、板、柱	楼梯	构造柱、雨篷、女儿墙	预制过梁
强度等级	C25	C20	C20	C20	C20

2. 钢筋。

（1）钢筋的强度标准值应具有不小于95%的保证率。

（2）普通钢筋的抗拉强度设计值（f_y）（N/mm^2）。

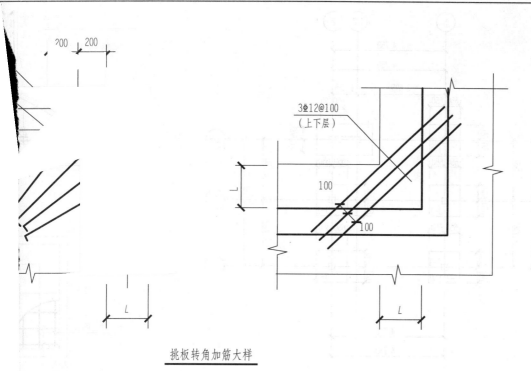

3Φ12@100
（上下层）

100

100

L

L

L

挑板转角加筋大样

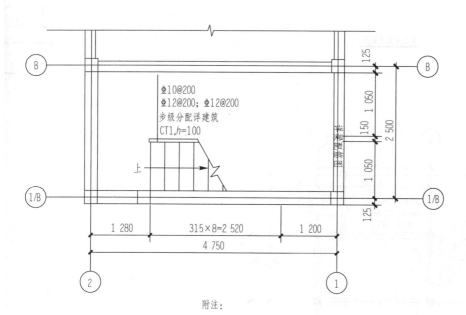

Φ10@200
Φ12@200；Φ12@200
步级分配详建筑
CT1,h=100

上

B   B

1/B   1/B

125

1 050

150   1 050

2 500

1 050

125

1 280   315×8=2 520   1 200

4 750

2   1

附注：

2.本图采用钢筋混凝土楼梯平法标注，其余未详部分见结构设计总说明及国标图集16G101-2。
3.平台板负筋深入板内长度$L_n/4$（L_n为板净跨长度）。
4.TB支座处负筋与底筋相同。
5.本图中未注明规格的分布钢筋均为Φ8@200。梯板内钢筋均为双层双向通长布置。
6.隔墙下无梁时，墙下板底增加2Φ14加强钢筋。

实训办公楼		工程名称	DY2015515	设计阶段	结施图
设 计	专业负责人			图 号	04/02
制 图	项目负责人	图纸名称	结构设计总说明（二）	比 例	1：100
校 对	审 核			第 张	共 张

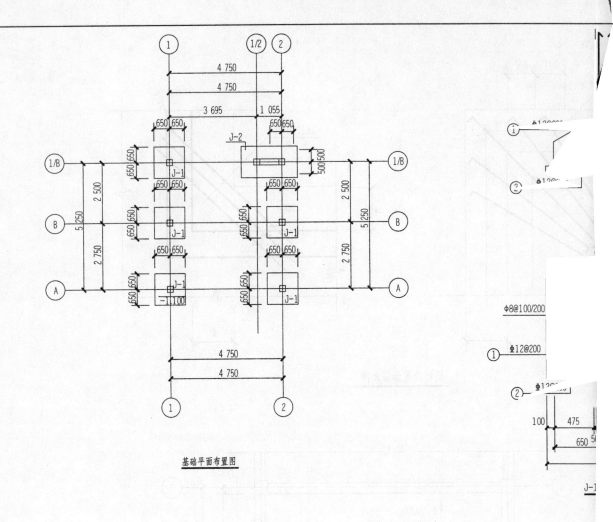

基础平面布置图

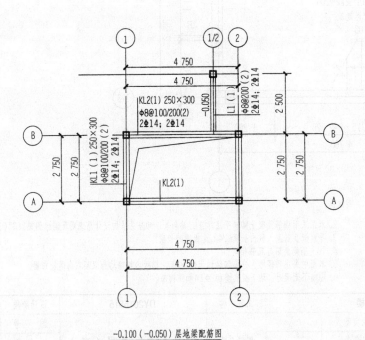

-0.100（-0.050）层地梁配筋图

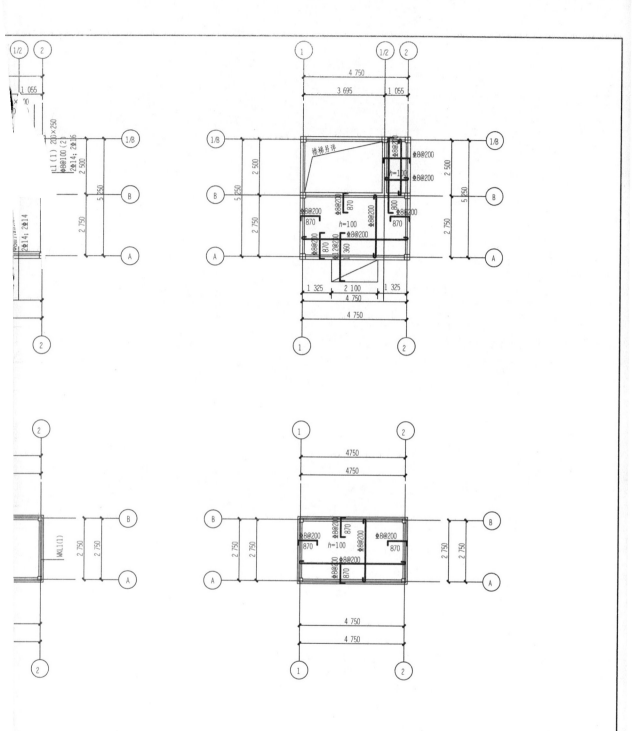

...规定执行。±0.000地面以下柱箍筋全部加密。
...图集16G101-1配合使用,未尽事宜均按16G101-1
...网筋。
...齐。
...下,遇板下降时钢筋断开。
...挑檐等配筋详大样图。

...搭接符合规范要求。
...干净。

实训办公楼			工程名称	DY2015515	设计阶段	结施图
设 计		专业负责人			图 号	04/04
制 图		项目负责人		柱、梁、板配筋图	比 例	1:100
校 对		审 核			第 张	共 张